U0257125

老寿

带侬兜马路

寿幼森 著

学林出版社

图书在版编目（CIP）数据

老寿带侬兜马路 / 寿幼森著. — 上海：学林出版社，2023
ISBN 978-7-5486-1934-5

Ⅰ.①老… Ⅱ.①寿… Ⅲ.①建筑文化-上海 Ⅳ.
①TU-092.951

中国国家版本馆CIP数据核字(2023)第097225号

责任编辑 吴耀根　李沁笛
封面设计 王未蔚
策划人、插画师 吉　励

老寿带侬兜马路
寿幼森 著

出	版	学林出版社
		（201101　上海市闵行区号景路159弄C座）
发	行	上海人民出版社发行中心
		（201101　上海市闵行区号景路159弄C座）
印	刷	上海盛通时代印刷有限公司
开	本	787×1092　1/32
印	张	9.5
字	数	12万
印	数	1—4000
版	次	2023年6月第1版
印	次	2024年5月第2次印刷

ISBN 978-7-5486-1934-5/G·745
定　价　78.00元

（如发生印刷、装订质量问题，读者可向工厂调换）

序

老寿邀我为《老寿带侬兜马路》做个序，我很乐意！

老寿作为一个土生土长的上海人，对上海这座城市充满了感情。从建筑学的角度来说他是一个非专业人士，但是从他的视角所拍的上海"边边角角"的"房子"充满了本地的表情，他不仅拍摄还坚持去寻访和挖掘生活在建筑背后的人文故事，大声疾呼对历史建筑的保护，俨然成为一个保护历史建筑的卫士。从这种热爱到多年执着坚守，毋庸置疑，他就是一位保护历史建筑的专职人员、专业人士。

《老寿带侬兜马路》是《上海弄堂游》的姐妹篇，不仅以精湛的图片配上简洁的介绍使读者立刻对建筑有了了解，更以其独特的上海方言使读者感受到扑面而来的上海味道和亲切感。

本书涵盖了具有上海风情的十余条马路，无论是来旅游的外地人还是上海本地人，都会因这本方便的口袋书而产生对这座城市更深刻的了解。这本书会为读者贴身的好朋友。

上海市一直以城市建设和建筑作为第一张名片，近百年的城市建设海纳百川，包容万千，诉说着一座城市的发展史。阅读建筑不仅要阅读和欣赏她的千姿百态，还应了解被岁月掩盖在建筑背后的那些人文故事。

庆幸的是，上海拥有众多对历史建筑关注的市民，民间的传颂是历史年轮不被磨灭的基础。我一直认为，城市建设不仅仅是政府主管部门、开发商和建筑师的事，因为这是我们共同的家园，每一位市民都有责任。

老寿就是这样的一位代表。

中国建筑学会副理事长　　**曹嘉明**
上海市建筑学会理事长

目录

孔令侃旧居

马里昂吧咖啡馆

上海话剧艺术中心

俄罗斯贵族私宅

安福路
Antu Rd.

武康路
Wukang Rd.

五原路

复兴西路

巴金故居

市长官邸
国民政府时期

海派文化建筑阅读

写在前面

"兜马路"是上海人的一种生活方式，在北方语系中称为"逛马路"，其实，上海人还有一种叫法，就是"荡马路"，"荡马路"应该是过去式了。早年，上海住房条件紧张，人们没条件在家谈情说爱，于是无目的地走到马路上荡荡，主题是为了"情"，不在乎路，而今天的"兜马路"看似无目的，但还是有主题的。

看现在武康路，"巨富长"上乌泱泱的人群都是有目的地来"兜马路"，如果没有沿途建筑的衬托，"兜马路"的意义就逊色不少。

本书就是给读者在兜上海马路的时候多一点背景板，让读者知道原来兜过的马路上居然有这些亮点值得一看。同时让读者看到这些马路上居然可以拍出这样的照片。

本书用线脉带动一个个点的方式来让读者了解上海这座城市，无论你是长期居住在上海的老上海人还是新上海人，甚至是到此一游的旅行者，通过这本导览书都可以迅速地兜到你感兴趣的马路。

本书是《上海弄堂游》的姐妹篇，《上海弄堂游》是以上海弄堂为背景，而本书则以具上海特色的马路为主，如果读者同时持有这两本书并兜遍上海的马路、弄堂，那就会对上海有一个全新的了解。

一、安福路

安福路是最近开始热闹起来的一条小马路，它的全长仅为862米，人们集中的区域基本上在乌鲁木齐中路至武康路这段，而武康路口已经被人们生造了一个新的词语——"武安新镇"。

到安福路来兜马路的人不全是为了看建筑和街景，比较文艺一点的是来这里的话剧艺术中心看话剧，俗一点的是来看人的。近些年，服装广告的拍摄开始从外滩高楼大厦的背景墙逐步换到上海西区的小马路上，安福路就是其中之一，恰好经过改造后的永乐汇又迎合了年轻人和居住在周边的外国人的口味，人流的导入量明显增加，一批喜欢街拍的摄影发烧友在各种平台上发布的照片和直播又起到了积极宣传的作用，于是，谁都想去看看这里到底有什么好玩的。

安福路秋景

拍摄数据：时间2018/12/23，快门速度1/20 s，光圈F11。

沪语版电影《爱情神话》的创意源头就是这周边的人和事，电影唤起了老上海人的怀旧情结，也引起了新上海人对老上海人生活社区的好奇，电影的传播起到了不可忽略的作用，人们争相在周边寻找电影取景地打卡，现场脑补一下创作者的思路。

其实，安福路还是有看点的，由于人流的增多，这里的小店开始扎堆，靠近乌鲁木齐中路的沿街酒吧也成了一道与众不同的风景，这里的老建筑有安福路201号国民政府时期上海市长官邸（吴国桢住宅）、安福路233号巨泼来斯公寓、安福路255号俄罗斯贵族的豪宅，还有藏身于永乐汇（原电影发行公司）内的孔令侃私宅（安福路322号内，现在的电影时光书店）。

1 安福路49弄信和别墅

信和别墅始建于1941年，是现在安福路东段唯一留存的老弄堂。

拍摄数据：时间2017/6/3，快门速度1/250 s，光圈F2.8。

2 安福路乌鲁木齐中路口

拍摄数据：时间2017/6/3，快门速度1/250 s，光圈F6.3。

安福路187号
　　个性化的商店是安福路上的特色
　　拍摄数据：时间 2017/7/6，快门速度 15 s，光圈 F22

　　站在安福路的尽头向武康路两侧看去，都是早年的名人私家花园，它们有武康路1号（华山路831号上海阜丰面粉厂创办人孙多森、孙多鑫兄弟住宅）、武康路2-4号（美亚织绸公司莫觞清、蔡声白翁婿俩的私宅）、武康路12号（著名建筑师谭垣自己设计的私宅）、武康路40弄（弄内有颜福庆、诸昌年的私宅）和对面的武康路67号（陈立夫私宅）。相邻不远的丁香花园和丁香别墅也是此处的亮点。

　　意犹未尽的，可以继续沿着武康路向西。

安福路288号，上海话剧艺术中心

　　上海话剧艺术中心，创建于1995年，是由原上海人民艺术剧院和上海青年话剧团这两个著名的话剧表演团体合并而成。自建成至今，先后上演了五百余部中西方古典名著及近现代作品。上海话剧艺术中心是目前安福路上的主要热点之一，吸引了众多爱好话剧表演艺术的年轻人。

　　拍摄数据：时间2022/12/20，快门速度1/320 s，光圈F8。

安福路234号庭院内的小商铺

拍摄数据：时间 2017/7/6，快门速度
8 s，光圈 F8

安福路 201 号

该建筑曾经是国民政府时期市长官邸，庭院内随处可见中国传统风格的装饰。

拍摄数据：无人机航拍，时间 2020/2/23，快门速度 0.000 838 s，光圈 F2.2。

安福路 234 号庭院内的小商铺（不同视角）

拍摄数据：时间 2022/1/3，快门速度 1/250 s，光圈 F5.6。

安福路233号，巨泼来斯公寓

　　公寓建于1918年，占地面积467平方米，建筑面积1 004平方米，前有约600平方米的大花园，为简约化古典式风格建筑，以原来巨泼来斯路（今安福路）命名。2005年，被上海市政府划为第四批市优秀历史建筑，属于市级文物保护单位。

　　拍摄数据：时间2020/10/11，快门速度1 s，光圈F8。

安福路255号，俄罗斯贵族私宅

拍摄数据：时间2017/6/3，快门速度1/125 s，光圈F5.6。

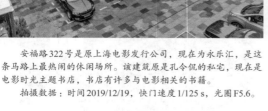

安福路322号是原上海电影发行公司，现在为永乐汇，是这条马路上最热闹的休闲场所。该建筑原是孔令侃的私宅，现在是电影时光主题书店，书店有许多与电影相关的书籍。

拍摄数据：时间2019/12/19，快门速度1/125 s，光圈F5.6。

安福路西侧，集颇多传奇故事于一身的丁香花园，由美国建筑大师艾赛亚·罗杰斯设计。

拍摄数据：无人机航拍，时间2019/12/3，快门速度0.002 788 s，光圈F2.2。

　　武康路1号位于安福路永乐汇一侧，曾是上海阜丰面粉厂老板孙多森的私宅。孙多森（1867—1919），字荫庭，安徽寿州（今寿县）人。1867年1月23日（清同治五年十二月十八日）生，1919年7月6日病逝于天津，终年52岁。1898年，孙多森创办了中国首家华商面粉厂——阜新面粉厂，1913年，任中国银行首任总裁。其父孙传樾，早年追随李鸿章镇压太平天国起义军，之后转任江苏记名道，在南京任洋务局总办。他的舅父李经楚为清政府邮传部右侍郎。孙家曾在长江一带经营盐务，家资巨万，富甲一方。

　　拍摄数据：无人机航拍，时间2022/11/27，快门速度1/400 s，光圈F2.8。

14

　　武康路2-4号莫家花园位于安福路尾端，是美亚织绸巨头莫觞清、蔡声白翁婿俩的私宅，1926年，莫觞清买下武康路2号的花园洋房，在此安居。

　　拍摄数据：无人机航拍，时间2022/11/27，快门速度1/400 s，光圈F2.8。

　　1921年春，莫觞清聘请从美国留学归来的蔡声白担任美亚的总经理，并将女儿莫怀珠嫁给蔡声白，莫觞清把花园的一部分给女儿莫怀珠和女婿蔡声白居住，这就是莫家花园的来历。当年，有关美亚的发展大计，有关中国丝绸业进军国际市场的畅想，都是他们在这幢花园洋房内谋略规划，莫、蔡翁婿两人在此度过了一生中最难忘的岁月。

二、武康路

武康路是徐汇区境内的一条小马路，全长1 183米，门牌号是从华山路开始向西至淮海中路为止。

早年的武康路并没有什么游人，是一条相当安静的小马路，有两个原因促成现在人们对它的关注：一个原因是李安的电影《色戒》最后女主角王佳芝跳上黄包车说"到福开森路"，电影迷们发现福开森路原来就是现在的武康路；另一个原因就是这些年人们对邬达克在上海设计的建筑开始深入挖掘，发现武康大楼等一些历史建筑都是出自他的手笔，从而发现这条小马路上汇聚了众多值得欣赏的老建筑。通过短视频的传播，武康路开始成为网红路段。

上海的民居建筑是由东向西发展的，从老城厢开始向西，到了思南路后就逐步发展出以独栋的花园洋房为主的住宅方式，武康路上的建筑是这种形式的典型代表。

从武康路的起点开始就有上海丝绸业翘楚莫觞清、蔡声白翁婿的私宅和面粉业翘楚孙多森的私家花园，其间还有建筑设计师自建的花园洋房，也有著名设计师董大酉设计的作品，这些曾经的住宅都在上海建筑历史上留下浓墨重彩的一笔。

武康路55号，马里昂吧

此处位于安福路的尾端，是电影《爱情神话》创作和取景点。

拍摄数据：时间2022/10/25，快门速度1/500 s，光圈F11。

武康路的寻常街景

拍摄数据：时间2017/6/3，快门速度1/60 s，光圈F5.6。

武康路的最西端，就是武康大楼。现在它作为武康路上的标志性建筑，是人们到武康路打卡最密集的地方。其实，如果再向西走一段淮海中路，转到华山路上就可以看到南洋公学的旧址（今上海交通大学徐汇校区），这才是当年福开森路辟筑的缘由。

武康路上有众多的历史优秀建筑铭牌，这都是不可忽视的信息来源，人们可以通过扫码获取相关信息。

看建筑仅仅是一部分，与建筑相关的人文背景才是兜武康路目的的关键。这些走马灯般更替的住户揭示了上海城市变迁的过程，也是上海历史的重要组成部分，你可以在武康路上凑热闹、看人流、拍照打卡，也可以欣赏老建筑风采，更可以深入地了解它蕴含的人文底蕴。

读懂武康路靠兜一次只是浮光掠影，而上海的路多兜一次就会有不同的感悟，这才是兜马路的乐趣所在。

武康路12号是毕业于美国宾夕法尼亚大学的建筑师谭垣设计的自宅，1940年左右建造。

拍摄数据：时间2022/12/20，快门速度1/250 s，光圈F8。

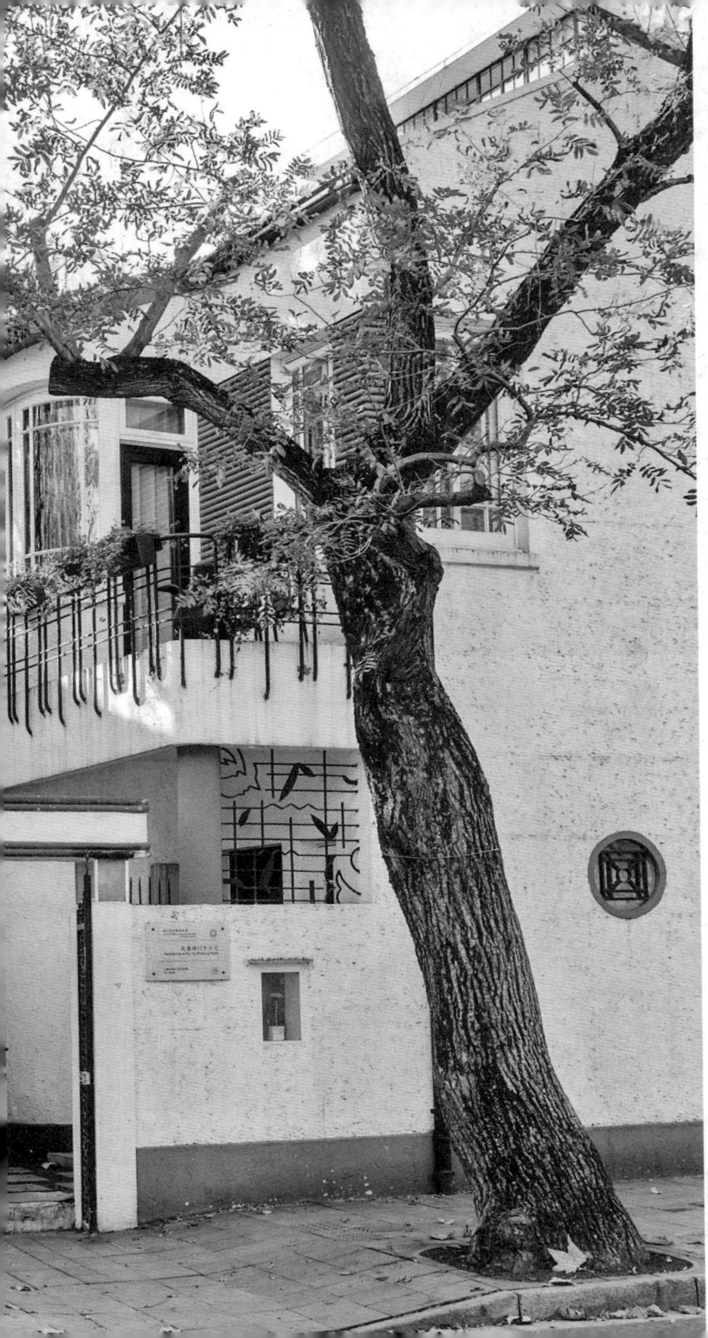

武康路40弄1号，原门牌号是福开森路18号，自1929年起是时任中华民国驻瑞典兼挪威公使诸昌年的居所，董大酉建筑师事务所设计建设，原为比利时与法国商人合资的义品银行产业，后为诸昌年的寓所。他是民国初期风云人物唐绍仪的大女婿，抗日战争爆发后，已卸下公职的唐绍仪寓居于女婿诸昌年的家中。1938年9月30日，唐绍仪在此处被军统特工暗杀。

拍摄数据：无人机航拍，时间2021/11/27，快门速度1/400 s，光圈F2.8。

该建筑为典型的西班牙风格花园住宅，3层砖木结构，南面有花园。整栋房屋横向展开，沿街三折围合形成了建筑的对外"门面"。宽敞的入口处可停放来往轿车。主入口装饰采用螺旋柱与复合柱式的结合，两柱之间券门上的贝壳、卷涡和卷草图案都具有巴洛克艺术之风。

拍摄数据：时间2017/6/3，快门速度1/100 s，光圈F8。

　　武康路40弄4号，原福开森路24号，建于1923年，1927—1940年居住着德和洋行首席建筑设计师茂海，茂海工作期间（1913—1940）的德和洋行正是业绩最为辉煌的时期，茂海作为主要的设计师，深度参与设计了洋行的主要作品，他和德和洋行的老板雷士德均是外滩天际线的缔造者之一。

　　拍摄数据：无人机航拍，时间2021/11/27，快门速度1/80 s，光圈F2.8。

  1941年后，该建筑的新主人是近代著名医学教育家颜福庆。颜福庆（1882—1970）1904年从圣约翰大学医学院毕业，是中国培养的第一代本土西医。1906年赴美深造，他在耶鲁大学医学院接受了系统的现代医学教育，成为第一位获得耶鲁大学医学博士的亚洲人，也是第一个接受完美国专业医学训练的亚洲医师。他一生从事医学事业，曾经担任湖南湘雅医学院、北京协和医学院院长，后来担任在上海的国立中央大学医学院院长、上海中国红十字会总医院院长。他给今天上海留下的是中山医院、华山医院和复旦大学上海医学院。

  拍摄数据：时间2017/4/24，快门速度1/60 s，光圈F8。

武康路67号，据传为陈立夫的旧居，又有考证为原国民党中央党部组织部副部长吴开先的暂住地。吴开先，字启人，金山县（今金山区）人，后迁居青浦练塘镇求学，后加入国民党，并在上海党部任职。抗战全面爆发后，随国民党政府撤往重庆，任国民党中央党部组织部副部长。

拍摄数据：无人机航拍，时间2021/11/27，快门速度1/300 s，光圈F2.8。

武康路99号，原为英商正广和洋行大班住宅，1928年建造。1947年荣宗敬的女儿荣卓如、乔奇·哈同夫妇入住。荣氏夫妇在1949年去香港，此房归房管所管辖，成为市委招待所，潘汉年、魏文伯、王震曾在这里居住，1957年拨给文化局，直至1965年，上海声乐研究所在这里办公。20世纪70年代，这里又成为空军体检机构，"文革"期间，刘靖基原住宅被占，落实政策后，此地成为他的新家。

拍摄数据：无人机航拍，时间2021/10/6，快门速度1/80 s，光圈F2.8。

武康路113号，巴金故居俯视图

拍摄数据：无人机航拍，时间2021/10/6，快门速度1/80 s，光圈F2.8。

拍摄数据：时间2019/7/19，快门速度1/80 s，光圈F5.6。

　　这幢三层花园洋房始建于1923年，洋房的最初主人是英国人毛特·宝林·海，1950年他回国后，房产委托丹麦人照看，后曾经进驻苏联驻华商务代表处等机构。国家实行公私合营后，房子归国家所有。

　　1955年左右，按照国家落实知识分子的政策，巴金先生选择了这套独立式的花园住宅。1955年9月，巴金先生和爱人萧珊女士及子女们从上海淮海坊的原住处搬到这里，居住和生活了半个多世纪。他在这里创作了小说《团圆》（后改编为电影《英雄儿女》），完成巨著《随想录》以及大量的散文随笔。

27

拍摄数据：时间2019/7/19，快门速度1/80 s，光圈F5.6。

　　武康路107号陈果夫旧居，1946年建成，比利时华裔建筑设计师王迈士设计。

　　陈果夫与陈立夫兄弟俩早年受中国同盟会元老陈其美的影响参与政治，两兄弟掌管国民党党务机构，有"蒋家天下陈家党"一说。

　　拍摄数据：无人机航拍，时间2021/11/26，快门速度1/350 s，光圈F2.8。

武康路210号，西班牙风格建筑

拍摄数据：时间2017/12/9，快门速度1/250 s，光圈F4。

武康路240号，开普敦公寓

　　1940年，该公寓由华业工程股份有限公司设计建造，是英国公和洋行设立在上海的建筑设计事务所所在地。在徐汇区境内的很多公寓楼都是出自这家设计师事务所，如今的汇丰银行上海分行、海关大楼、渣打银行等建筑，都是公和洋行建筑设计事务所的作品。

　　太平洋战争爆发后，该公寓一度成为汪伪政权复兴银行的行址。1944年，该公寓转属中大银行。当年这里不但是办事机构，也居住着许多银行中高层职员。抗战胜利后，该公寓作为逆产收归国有。1949年后，这幢老公寓由政府房管部门接收，安排居民入住。隔壁与之相连的武康路230号国富门公寓建成于1936年。

　　拍摄数据：时间2018/12/10，快门速度1/250 s，光圈F8。

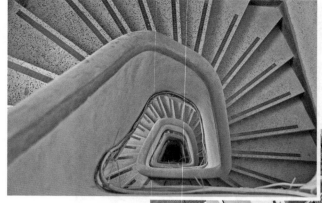

武康路115号，密丹公寓，建于1931年，万国储蓄会名下产业，由法商赉安洋行设计。1994年被评为第二批上海市优秀近代建筑，市级建筑保护单位。

上海解放前，密丹公寓曾作为义品放款银行使用。20世纪60年代初，著名表演艺术家孙道临曾居住于此。

亚历山大·赉安是一名法国建筑师，毕业于巴黎高等美术学院，1920年来到上海，20世纪20年代至30年代，赉安及其团队把上海作为他们的第二故乡，将毕生所学及建筑经验贡献给了这块热土。

拍摄数据：时间2014/12/25，快门速度1/600 s，光圈F3.2。

武康路117弄1号（原福开森路119号）原是南浔富商张石铭孙子张葱玉的宅邸，1943年由中国建筑设计师范能力设计建造，后转手给了金城银行和太平洋人寿保险的发起人周作民。

抗战期间，这里曾设有军统的秘密电台。

拍摄数据：无人机航拍，时间2022/8/25，快门速度1/1250 s，光圈F2.8。

武康路与淮海中路交汇处，武康路858号武康大楼，曾用名诺曼底公寓、东美特公寓，1924年由法商万国储蓄会出资兴建的上海第一座外廊式公寓大楼，由克里洋行的匈牙利籍设计师邬达克主导打样设计，法商华法公司为承建商。

武康大楼共有八层，底层设置骑楼，垂直交通除了楼梯外还设有3部电梯。1930年，万国储蓄会在公寓东侧新建了一栋楼高五层的新大楼，被命名为新武康大楼（武康大楼辅楼）。

拍摄数据：无人机航拍，时间2022/6/22，快门速度1/1600 s，光圈F2.8。

拍摄数据：时间2017/11/3，快门速度1/40 s，光圈F8。

35

　　1953年，诺曼底公寓被上海市人民政府接管并更名为武康大楼，一些文化演艺界名流均曾入住此间，如郑君里及孙道临、王文娟夫妇等。1994年，武康大楼入选第二批上海市优秀历史建筑。

　　拍摄数据：时间2017/10/31，快门速度1/4 s，光圈F8。

武康大楼室内

　　拍摄数据：时间2017/10/31，快门速度1/30 s，光圈F8。

复兴东路
Fuxing Rd.(E)

西藏南路
中山南路
重庆公寓
马当路
二六南路
一大会址
小桃园清真寺
文庙
河南南路
尤荔长
商船会馆

海派文化建筑阅读

三、复兴路

上海的复兴路分东、中、西三段，长度约有6 778米，东段2 241米，中段3 494米，西段1 043米，穿越黄浦和徐汇两区。兜复兴路建议分成三段来走。

复兴路东段以复兴东路为主，它从原来的上海老城厢中间穿过，两侧还留有不少原来上海传统街区的痕迹，对上海历史和建筑变迁过程感兴趣的朋友们会很喜欢。

如果你从外滩过来，可以到金陵东路外滩乘坐上海传统的轮渡到浦东的东昌路（东金线），沿着滨江大道一路可以欣赏浦江两岸的景色，然后在同一个轮渡站换乘（东复线），返回浦西的复兴东路。这样你既可以在轮渡上观赏浦江两岸的景色，又不至于在南外滩沿线赶路。

在复兴东路轮渡站周边的外马路上有"上海老码头"，是一处将原有沿江码头改造后的休闲区，再往西南侧可以看到董家渡天主教堂和商船会馆，向西一路走来，两侧都是老城厢居民曾经居住的区域，这里将通过改造后保留老上海的城市印迹。

1 　上海老码头是以原来沿黄浦江边的码头堆栈改造的时尚社区。
拍摄数据：时间2013/2/28，快门速度1/4000 s，光圈F4。

2 会馆街38号，商船会馆
商船会馆是上海最早的一座会馆，清康熙五十四年（1715年）集资建造。
拍摄数据：无人机航拍，时间2020/9/12，快门速度1/80 s，光圈F2.8。

　　三牌楼路的北侧就是上海著名的旅游景区豫园，适合走走、看看、吃吃，在河南南路天桥西南面有上海早期的小桃园清真寺，继续向西，就是上海曾经繁华的老西门区域。上海在中华路、人民路圈起来的范围就是上海最早的城区，有过城墙和11座城门，现在从老西门沿中华路、人民路向北还可以看到仅存的大境阁城墙。在老西门还可以向南到文庙路看看上海城区唯一祭祀孔子的文庙。

　　复兴路中段呈现了上海建筑演变的过程，可以在这个路段了解上海的民居逐步从石库门建筑向公寓、花园洋房渐进的过程。

　　走到济南路，可以看到周边区域改造时保留的三幢三厢石库门建筑，这都是在济南路弄堂里面通过平移的方式后维修，保存完好的石库门建筑。

44

豫园九曲桥

　　豫园是始建于明代的一座私人园林，原主人四川布政使潘允端从1559年（明嘉靖己未年）起，在潘家住宅世春堂西面的几畦菜田上建造园林。经过二十余年的苦心经营，建成了豫园。"豫"有"平安""安泰"之意，取名豫园，有"豫悦老亲"的意思。

　　拍摄数据：无人机航拍，时间2022/5/31，快门速度1/640 s，光圈F2.8。

到黄陂南路口，南侧的石库门建筑则是中共上海区委党校的旧址以及曾经印刷《共产党宣言》的又新印刷所，它的对面还有金融博物馆；向北走到兴业路，可以到达中共一大会址旧址、中共一大纪念馆以及经过改造后的石库门建筑群"新天地"，这是目前上海集红色教育和时尚街区为一体的重要景区。

人们还可以在马当路参访韩国临时政府的旧址，从这些石库门建筑可以了解上海人在20世纪二三十年代的居住状态和社会形态，进一步了解从"石库门到天安门"的红色道路。

复兴中路从淡水路开始逐步进入以老式公寓和花园洋房为主的区域，沿途可以欣赏到20世纪30年代建造的花园公寓、重庆公寓、刘海粟旧居。重庆南路南侧有"七君子"之一的邹韬奋的故居，位于万宜坊，设有邹韬奋旧居陈列室和纪念馆，是免费开放的爱国主义教育基地之一。

重庆南路北侧是法国人设计的复兴公园，现在还保留了原有的风格；南侧是通过改造后的思南公馆区域，这是将20世纪20年代建造的一批花园洋房改造而成的公共休闲区域，这些老洋房都留下了很多名人印迹，其中，国共合作时期的"周公馆"是一处集红色教育与休闲的好去处。

拍摄数据：时间2014/10/3，快门速度1/8 s，光圈F4。

思南路的北侧又有一处名人旧居，即孙中山故居，这是孙中山先生在上海居住时间最长的一个住所。思南路的西侧复兴坊内有何香凝和史良的旧居，都是值得喜欢探索人文历史的朋友打卡的地方。

复兴路的西段从汾阳路开始，从这里一路向西，可以看到它的建筑越来越精致。

首先是汾阳路口，它的东北侧是曾经的海关副总税务司司长丁贵堂的住宅；沿汾阳路向南，可以看到上海早期的电话交换所毕勋电话交换所的旧址、早年的法国公董局官邸旧址（今上海工艺美术博物馆）等。

复兴中路靠近宝庆路一侧是20世纪30年代经典公寓区域，这里有新康花园的公寓楼、伊丽莎白公寓、黑石公寓和克莱门公寓。它们的北侧是上海交响音乐厅，转进宝庆路不远则是老洋房改造而成的上海交响音乐博物馆（宝庆路3号）。

小桃园清真寺，旧称清真西寺、上海西城回教堂，位于上海黄浦区小桃园街52号。因寺门正对着小桃园街，故得名小桃园清真寺。该寺初建于1917年，1925年在现址续建。

拍摄数据：无人机航拍，时间2021/10/4，快门速度1/400 s，光圈F2.8。

　　复兴中路与济南路口目前保留的三幢三厢石库门建筑分别是原济南路185弄景安里17号的逸庐、原济南路185弄景安里7号和济南路207弄绍安里2号。2018年，通过平移的方式挪到此地，维修保护后再利用。

　　拍摄数据：无人机航拍，时间2021/9/17，快门速度1/1000 s，光圈F2.8。

　　兜到淮海中路的交叉口，它的西侧是法国领事馆和美国领事馆，街心的聂耳广场有上海著名雕塑家张充仁创作的聂耳塑像，沿途可以继续欣赏麦琪公寓、为乐精舍等早年的公寓楼，同时开始进入一片以花园洋房为主的区域。这里有衡复地区改造完

成的复兴西路62号衡复风貌馆以及复兴西路147号的柯灵故居，相邻的五原路上还有张乐平故居（五原路288弄3号），目前，这三个场馆都是免费开放的。

沿复兴西路走到华山路，它的对面有著名昆剧演员俞振飞的旧居、早期著名电影明星白杨的故居。

整条复兴路可欣赏的内容较多，不妨分为东、中、西三段来走，不必拘泥于一条路的局限，可以走进相关的岔路，在值得拍照的地方打卡留念。

1　　新天地是上海石库门建筑改造的一种创新，它依托中共一大会址，将周边改造成为上海的一个时尚区域。

　　拍摄数据：时间2020/7/5，快门速度1/400 s，光圈F4。

2 3 中共一大会址纪念馆成为该区域新的红色基地。

　　拍摄数据：2 时间2020/7/5，快门速度1/125 s，光圈F4；3 时间2021/6/22，快门速度1/640 s，光圈F8。

4 新天地和太平湖俯视图

　　拍摄数据：无人机航拍，时间2021/3/25，快门速度1/800 s，光圈F2.8。

1 重庆南路205弄（万宜坊）54号邹韬奋故居和合肥路592弄
25号张充仁故居

邹韬奋是著名的"七君子"之一，新闻出版家。他于
1930年迁居于此，直到1936年。

张充仁是上海土山湾培养出来的油画家和雕塑艺术家，
赴比利时留学后回到上海，在合肥路592弄25号创建充仁画
室，培养了大量油画和雕塑艺术人才。

拍摄数据：时间2021/9/17，快门速度1/200 s，光圈F2.8。

2 复兴中路455弄花园公寓（旧称派克公寓）

　　1926年由中法银行的买办、董事长朱鲁异投资兴建。
　　拍摄数据：时间2017/1/27，快门速度13 s，光圈F8。

3 重庆南路185号重庆公寓（旧称吕班公寓）

　　该公寓建成于1931年，1929—1931年美国记者、作家艾格尼丝·史沫特莱曾居住于此。
　　拍摄数据：时间2020/8/7，快门速度1/250 s，光圈F2.8。

1 复兴公园位于复兴中路和重庆南路交叉口的西北角，原为顾家宅公园，清光绪二十六年（1900年）被法租界公董局征收为兵营，光绪三十四年（1908年）将其改为公园。复兴公园由法国园艺师柏勃按法国园林特色进行设计，至今园内部分保留了原有的设计风格。

拍摄数据：无人机航拍，时间2022/12/13，快门速度1/160 s，光圈F5.6。

2 复兴中路1195号，上海理工大学中英国际学院，最初为1907年6月3日创办的德文医学堂。

拍摄数据：时间2019/12/8，快门速度0.001 057 s，光圈F2.2。

3 汾阳路45号上海江海关为海关税务司建造的官邸，1927年，丁贵堂调至上海江海关，1928年升任副税务司，20世纪40年代入住此官邸。

丁贵堂在沪旧居是一幢西班牙建筑风格的独立式两层花园住宅，建于1932年，由匈牙利建筑师邬达克设计，中国大陆公司承建。

拍摄数据：无人机航拍，时间2020/1/31，快门速度0.001 075 s，光圈F2.2。

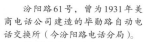

　　汾阳路61号，曾为1931年美商电话公司建造的毕勋路自动电话交换所（今汾阳路电话分局）。
　　拍摄数据：时间2013/3/14，快门速度1/1600 s，光圈F4.5。

　　复兴中路1331号，黑石公寓，又名花旗公寓，现名复兴公寓，是上海公寓建筑的经典之作，1924年建造。
　　拍摄数据：无人机航拍，时间2022/3/12，快门速度1/500 s，光圈F2.8。

　　新康花园南侧的新康公寓，1933年建成。新康花园有两个出入口，分别是淮海中路1273弄和复兴中路1360弄。新康花园是赵丹、黄宗英夫妇、颜文樑、丁善德等名人长期居住的地方。

　　拍摄数据：无人机航拍，时间2022/3/12，快门速度1/640 s，光圈F2.8。

著名画家颜文樑旧居

　　拍摄数据：时间2022/3/15，快门速度1/1000 s，光圈F2.8。

　　上海交响乐团音乐厅位于复兴中路1380号，在原有的上海跳水池和网球场的基础上兴建而成。其建筑面积为19 950平方米，由1 200座演奏厅和400座的室内乐演奏厅组成。上海交响乐团音乐厅由世界级大师矶崎新和丰田泰久领衔设计，是国内第一个建在弹簧上的"全浮建筑"。上海交响乐团音乐厅运用最先进的多媒体技术，大厅内10个反声板可以同时投影画面，可以与世界各地的任何场地进行双向传输同步演出。

　　拍摄数据：无人机航拍，时间2022/3/15，快门速度1/1600 s，光圈F2.8。

复兴中路、宝庆路东侧夜景

拍摄数据：时间2017/8/26，快门速度15 s，光圈F8。

复兴中路和淮海中路交汇处的聂耳音乐广场，离淮海中路1258号3楼的聂耳故居仅600米。1992年，为纪念聂耳诞生80周年，在聂耳1935年2—4月间居住并创作《义勇军进行曲》的旧居附近辟建广场，树立雕像。

广场中央的聂耳雕塑是张充仁晚年完成的作品，落成于1992年。

张充仁是著名艺术家、教育家，擅长雕塑、绘画，他历任之江大学教授、上海美专教授、中国美术家协会上海分会副秘书长、上海油画雕塑创作室主任。

拍摄数据：时间2021/9/10，快门速度1/400 s，光圈F5.6。

64

　　复兴西路24号，麦琪公寓，由法商赉安洋行设计，中法营造厂承建。因地处麦琪路（今乌鲁木齐中路），故名。1999年公布为第三批上海市优秀历史建筑，市级建筑保护单位。

　　拍摄数据：无人机航拍，时间2022/8/28，快门速度1/60 s，光圈F4.4。

　　复兴西路34号卫乐精舍建于1934年，由法商赉安洋行设计。

　　拍摄数据：无人机航拍，时间2019/12/28，快门速度1/530 s，光圈F2.2。

复兴西路62号，衡复风貌馆

民间称之为"修道院公寓"，建于1930年，由公和洋行设计，是典型的西班牙风格住宅，原主人为英国密丰绒线厂厂主。现免费开放。

拍摄数据：无人机航拍，时间2020/1/30，快门速度0.000 685 s，光圈F2.2。

落叶季的复兴西路街景

　　拍摄数据：时间 2013/11/12，快门速度 1/30 s，光圈 F2.8。

复兴西路147号，白赛仲别墅，柯灵故居

这栋由奚福泉设计、建于1933年的西班牙式风格公寓住宅，1959—2000年，作家柯灵、陈国容夫妇在此楼203室居住近半个世纪。目前免费开放。

拍摄数据：无人机航拍，时间2021/11/26，快门速度1/320 s，光圈F2.8。

复兴西路最西端街景

拍摄数据：时间2017/12/1，快门速度1/30 s，光圈F8。

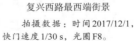

复兴西路193号，现为上海市房地产科学研究院

拍摄数据：无人机航拍，时间2021/11/26，快门速度1/320 s，光圈F2.8。

安福西路华山路门口
拍摄设备：无人机航拍
拍摄时间 2020/11/28，快门
速度 1/100 s，光圈 F2.8

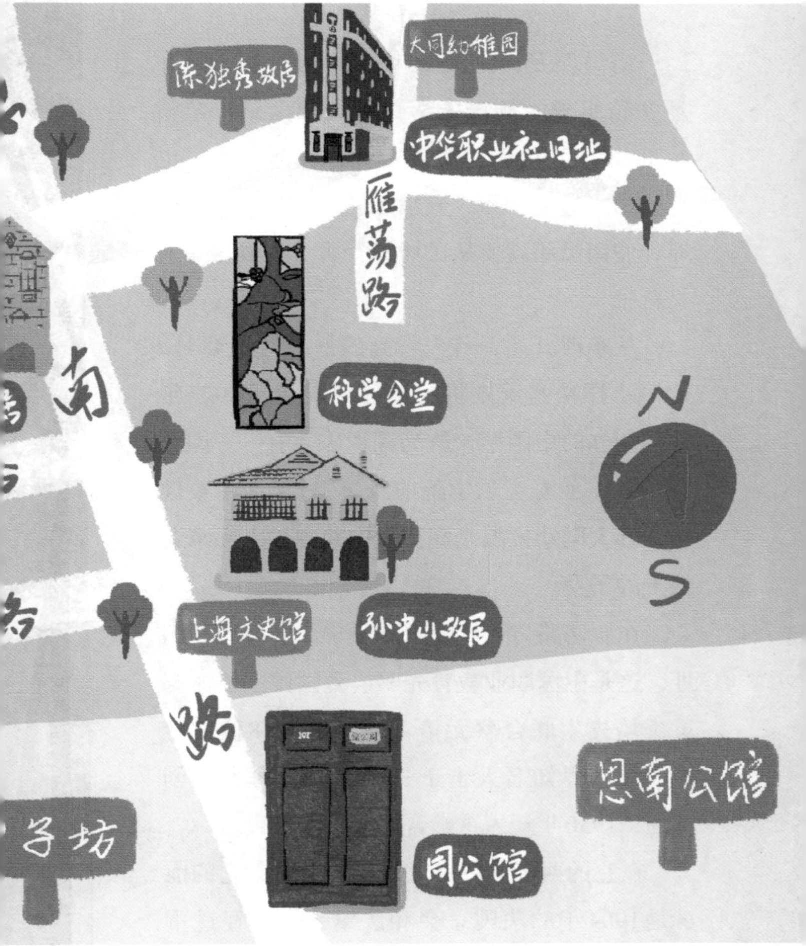
陈独秀故居
大同幼稚园
中华职业社旧址
雁荡路
科学会堂
N
S
南
路
上海文史馆
孙中山故居
周公馆
思南公馆
子坊

四、南昌路

　　南昌路是由法租界时期的陶而斐司路和环龙路组成。从重庆南路到襄阳南路，全长1 700米。它的定位基本上是以民居为主，也正是由于这个特点，其承载的人文底蕴极为深厚，兜南昌路就要从民居的背后来了解这些人文背景。

　　从东段开始，首先看到的是南昌路48号，这幢小洋楼是萧友梅与蔡元培先生于1927年共同创办的中国第一所高等音乐学府——国立音乐院（上海音乐学院前身），后来又由董健吾开办大同幼稚园来庇护过中共领导人和革命烈士的子女。

　　在雁荡路口，可以看到中华职业教育社旧址，这是中国职业教育先驱、爱国民主革命家黄炎培先生联合蔡元培、梁启超等48位教育界、实业界知名人士于1917年在上海发起创立的，1930年迁入这幢自建大楼。

　　在它的西南侧就是上海科学会堂，它的前身是1904年的法国总会和法童公学，经过重大维修后目前发挥着重要的功能。上海科学会堂里面有对外开放的咖啡厅，可以入内参观。

夏季南昌路街景

拍摄数据：时间2021/6/20，快
门速度1/80 s，光圈F6.3

南昌路48号，国立音乐院旧址和大同幼稚园旧址

拍摄数据：时间2022/12/21，快门速度1/200 s，光圈F8。

兜南昌路最不容错过的就是南昌路100弄老渔阳里，目前整修一新的2号原是陈独秀的旧居，陈独秀在此设立了《新青年》编辑部，并在此发起组建中国共产党，与此地一墙之隔的是曾经培训过大量革命干部的团中央旧址。后面的5号则是早期中华革命党机关事务处，也是其主要负责人陈其美的旧居，相邻的8号是杨小佛的旧居。

在南昌路上兜马路，不时可以看到上海早期著名人物居住地的铭牌，有些需要深入弄堂里才能看到相关介绍，这里有画家林风眠、翻译家傅雷、文学家巴金、演员白杨、民国时期上海总商会会长王晓籁、灯彩大王何克明、化学家吴蕴初、艺术家徐悲鸿等工作、生活居住过的足迹。由此展开的就是上海近代史的一幅长长画卷，因此，南昌路也被称为"半部民国史"。

雁荡路80号，中华职业教育社旧址

拍摄数据：时间2017/1/1，快门速度30 s，光圈F16。

值得欣赏的建筑除了上海科学会堂外，还有装饰艺术的代表作南昌大楼、南昌别墅等。

作为淮海路的后街，南昌路又是众多年轻人喜欢的咖啡一条街，点缀其间的还有那些特色小店。特别是相邻的思南路有上海老字号的阿娘面馆、盛兴点心店、沧浪亭，漫步其间，走走、看看、吃吃。

南昌路47号上海科学会堂

1号楼的前身为1904年建成的德国花园总会。1921年，法国人将原德国花园总会改建成法国总会，由法籍建筑师万茨·舍伦设计，1926年，经过又一次改建，法国总会转变为供法国侨民子弟上学的法国学堂，人称法童学校。

1957年，上海市工会联合会拨款重新翻修这栋老建筑。1958年1月18日，科学会堂正式成立，陈毅为其题字。

拍摄数据：无人机航拍，时间2021/12/23，快门速度1/1000 s，光圈F2.8。

南昌路100弄，老渔阳里2号

　　该处为陈独秀1920年期间的寓所，也是《新青年》杂志的编辑部。

　　拍摄数据：时间2020/8/1，快门速度1/800 s，光圈F8。

南昌路上的新华书店

　　拍摄数据：时间2022/12/20，快门速度1/1600 s，光圈F8。

1 南昌路212弄，南昌别业

　　南昌别业由曾任全国商会联合会理事长、国营招商局理事王晓籁投资兴建，弄内10号曾是他的寓所。

　　拍摄数据：时间2017/3/4，快门速度1/250 s，光圈F8。

2 钟和公寓

　　拍摄数据：时间2017/3/4，快门速度1/125 s，光圈F8。

3 南昌路茂名南路口的南昌大楼

　　南昌大楼1933年由永安地产公司投资兴建，原名环龙公寓，俄裔建筑师列文设计，安记营造厂承建。

　　拍摄数据：无人机航拍，时间2019/12/7，快门速度0.001 08 s，光圈F2.2。

4 南昌路茂名南路口的淮海坊

　　拍摄数据：时间2017/10/14，快门速度1/100 s，光圈F8。

五、思南路

　　思南路筑于1914年间，早年的名字叫
"马斯南路"，这是纪念1912年去世的法国
著名音乐家儒勒·马斯奈，现在不一定有人
记得他的名字，但是如果听过他的《沉思
曲》就会觉得他离我们很近。

　　思南路全长1 400米，从淮海中路至泰
康路。

　　兜思南路有两个重点，一个是探寻孙中山
先生在上海的足迹，据考证，孙中山先生一生
来上海共27次，其中的不少足迹是在当年的霞
飞路（今淮海西路）和马斯南路一带。

　　离思南路北端不远的淮海中路652弄内
650号（当时为宝昌路408号），孙中山先生
于1911年和1913年在此举办过多次重要的
会议。

　　1916年6月后他带着新婚的夫人宋庆龄
居住于南昌路65号，也就是现在的科技影城
的位置，此处离中华革命党本部事务处（南
昌路100弄5号）不远，便于他就近指导工
作，同时还能兼顾自身的安全。1917年，孙
中山离开这里南下从事护法运动。

淮海中路
652弄内650号

拍摄数据：
无人机航拍，
时间2021/ 7/30，
快门速度1/320s，
光圈F2.8。

思南路街景

拍摄数据：时间2014/12/1，快门速度1/50 s，光圈F11。

1918年6月，第一次护法运动失败后，孙中山重新回到上海，随后入住莫里爱路29号（现在的香山路7号孙中山故居），在此他完成了多部重要的著作和会见了李大钊、林伯渠，为"联俄、联共、扶助农工"三大政策的确立和第一次国共合作的实现奠定了基础。

兜思南路的第二个重点就是改造后的思南公馆，这片建筑群是1921年期间集中建造的一批欧洲近代独立式花园住宅"义品村"，这一片洋房内主要居住着军政要员、艺术家、富商及外国侨民，后来，由于历史的原因逐步衰败，直到世纪之交才由永业集团与香港某公司合作改造开发，经过二十多年的努力，目前以全新的面貌开放，成为市民能够亲近的一个公共空间。

思南公馆保留了1946年国共谈判时期的中共代表团驻沪办事处，因当时不准挂牌而称之为周公馆，这是这条马路上保存最为原始的房子，目前也是免费为公众开放的爱国主义教育场所。

思南路41号，文史研究馆

原袁佐良寓所，20世纪20年代建造，由庄俊设计。自1953年起作为上海市文史研究馆使用至今。

拍摄数据：无人机航拍，时间2023/2/16，快门速度1/400 s，光圈F4.5。

思南路42弄，息庐

　　拍摄数据：无人机航拍，时间2022/6/2，快门速度1/1000s，光圈F2.8。

思南路还是金宇澄所著的小说《繁花》中的主要着力点，小说的开篇就是阿宝与蓓蒂在思南路洋房屋顶的场景。兜兜思南路，脑补一下《繁花》中的场景，寻找一下哪个屋顶上可以看到俄罗斯东正教堂（皋兰路16号）也是其中的一个乐趣。

在思南路、建国中路西侧可以看到当时法租界的会审公廨和中央捕房旧址（现在的黄浦区人民检察院），东侧可以看到由原上海汽车制动器公司旧厂房改造而成的创意园区"八号桥"。

兜到思南路最南端的泰康路，可以向西到泰康路210弄的田子坊转转，这个地方绝对会让你感到一番惊喜，混杂于老弄堂和民居间的商铺足以让你流连忘返。田子坊起先是由陈逸飞、尔东强等艺术家聚集而形成的艺术热点地标，而后开始逐步被商业化，由于老建筑的布局依然存在，引起了众多外国游客的兴趣，成为旅游手册上介绍的重要景点之一。

皋兰路16号，圣·尼古拉教堂

1922年，俄侨格列博夫中将为了纪念已故沙皇尼古拉二世，向上海各国外侨宣传东正教会，募捐10万银元筹建圣尼古拉斯教堂，在皋兰路租地建造。这是上海俄侨自建的第一座教堂，由俄侨著名建筑师亚·伊·亚龙设计。1934年3月31日，教堂举行落成祝圣仪式。

拍摄数据：无人机航拍，时间2020/2/5，快门速度0.000 861 s，光圈F2.2。

目前，思南路靠近南昌路两侧有不少网红的小饭店，还有从别处移过来的传统面馆，既满足了年轻人的喜好，又兼顾了老上海人的情怀，是一条淮海路上走累了值得转进去的小马路。

拍摄数据：时间2009/10/4，快门速度1/320 s，光圈F4。

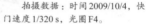

　　思南路香山路口的孙中山故居（香山路7号）是当时旅居加拿大的华侨集资购买赠送给孙中山的。孙中山辞去海陆军大元帅职务后从广州回到上海，携夫人宋庆龄入住于此，孙中山在这里先后完成了《孙文学说》《实业计划》等重要著作；会见了中国共产党人李大钊、林伯渠以及共产国际代表马林、越飞等。孙中山逝世后，宋庆龄继续在此居住至1937年。抗战胜利后，宋庆龄将此处捐赠给国民政府设为孙中山先生故居。1961年，孙中山故居被国务院列为首批全国重点文物保护单位；1988年，孙中山故居正式对外开放。现在为上海市爱国主义教育基地。

　　拍摄数据：无人机航拍，时间2023/2/16，快门速度1/400 s，光圈F4.5。

思南路36号原为抗日爱国将领杨森在上海的私人住宅，后来曾作为卢湾区首届区委所在地，现为普通住宅。

拍摄数据：时间2020/2/23，快门速度1/30 s，光圈F11。

思南路44号，民国时期云南省主席卢汉曾经居住于此。

拍摄数据：时间2017/10/21，快门速度1/40 s，光圈F8。

香山路6号，上海西班牙奥古斯丁教会的总部及《教会生活》杂志社旧址，建于20世纪20年代。法国文艺复兴式建筑。

拍摄数据：无人机航拍，时间2022/1/11，快门速度1/400 s，光圈F2.8。

拍摄数据：无人机航拍，时间2022/1/11，快门速度1/725 s，光圈F2.8。

　　思南公馆原是1921年期间由法国和比利时商人组建的义品洋行集资兴建的一片独立花园公馆，被称为"义品村"。1999年开始由永业集团会同香港崇邦房地产公司进行成片改造而成。

　　思南公馆已经如同上海城市中的一道风景线，一个上海城市中的市民公共空间，一个建筑的博物馆。

　　拍摄数据：无人机航拍，时间2023/1/17，快门速度1/400 s，光圈F4.5。

拍摄数据：时间
2020/3/15，快门速度
1/60 s，光圈 F11。

拍摄数据：时间
2023/1/15，快门速度
1/100 s，光圈 F8。

思南路87号改造前，1932年冬，"九一八"事变爆发后，梅兰芳偕全家告别了北平的缀玉轩故居，在上海马斯南路121号（今思南路87号）定居下来，斋名为梅华书屋。

拍摄数据：时间2004/5/2，快门速度1/250 s，光圈F2.8。

思南公馆改造前的部分建筑，原思南路52号。
拍摄数据：时间2004/5/2，快门速度0.030 959 8 s，光圈F2.8。

改造为餐饮机构的室内
拍摄数据：时间2021/2/22，快门速度6 s，光圈F8。

拍摄数据：无人机航拍，时间2023/1/17，快门速度1/400 s，光圈F4.5。

拍摄数据：时间2020/2/23，快门速度1/80 s，光圈F8。

思南路73号是1946年国共谈判期间中共代表团在沪设立的办事处，因国民党当局不允许挂中共代表团驻沪办事处的牌子，于是对外称之为周公馆。

1946年11月，周恩来返回延安，董必武全权负责中共代表团驻沪办事处的全部工作。国共谈判期间，周恩来在这里工作、生活，并曾在此接待美国总统特使马歇尔，与国民党政府代表邵力子、吴铁城及第三方面代表沈钧儒、黄炎培等交换意见，还举行过中外记者招待会。现在开放为爱国主义教育基地。

泰康路上的田子坊是在原有的街道工厂和石库门里弄的基础上局部改造成的创意园区，1998年后，一些工艺品商店先后入驻泰康路，使其成为现代创意聚集地，增添了人文艺术气息。

随着人气的聚集，田子坊的商业气氛日益浓重，范围不断扩展，形成现在的规模。

拍摄数据：时间2020/4/5，快门速度1/80 s，光圈F8。

拍摄数据：时间2016/10/21，快门速度1/30 s，光圈F5.6。

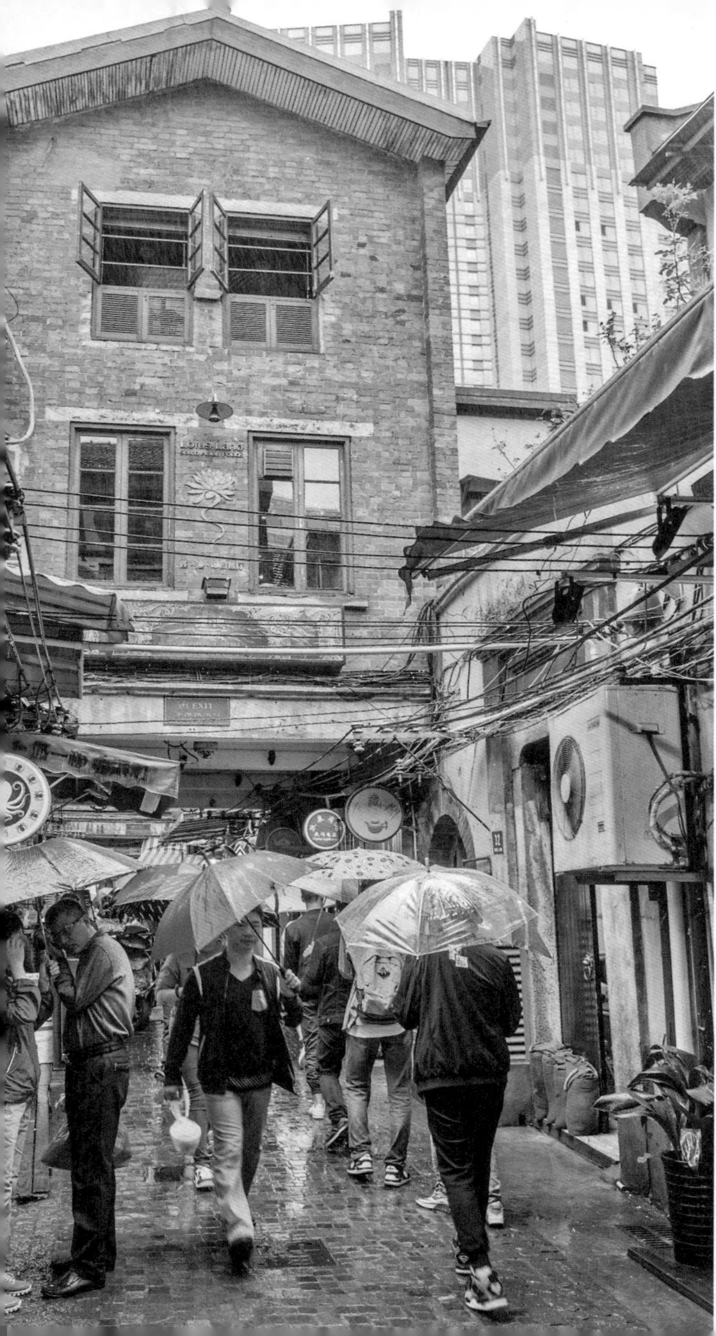
Lotus Land
EXIT

拍摄数据：时间2020/4/6，快门速度1/40 s，光圈F8。

石库门是上海人在20世纪二三十年代的民居代表作。石库门建筑设施陈旧，居住空间狭窄，石库门改造一直是上海旧区改造中的一个重要环节，既要保留石库门这种上海特别普遍的建筑形式以及老上海人的生活气息，又要切实改善居民的实际居住困难，上海进行了多种尝试。目前，石库门改造的模式已经有七八种，田子坊仅仅是其中的一种模式。

它较为完整地保留了石库门原有的建筑布局和形式，让人们在旅游购物景点参观时欣赏到石库门这种上百年历史的老建筑。

拍摄数据：时间 2020/4/6，
快门速度 1/30 s，光圈 F8。

拍摄数据：时间 2020/4/6，
快门速度 1/50 s，光圈 F8。

海派文化建筑阅读

富民路
Fumin Rd.

郁家花园

巨鹿路758

邬达克建筑群

富民新邨

巨鹿
Julu

元彦故居

印民邨

今众图书馆

田汉塑像

周信芳故居

常熟路

蓝印花布馆

六、"巨富长"

"巨富长"是一个新晋的网红地带，它是由巨鹿路、富民路、长乐路三条相关的小马路组成，呈 H 型，它的繁华是相邻的淮海中路和静安寺周边的大型商务楼午间出来散心的白领们聚集而逐渐形成的。因为这里有不少小型的餐饮和个性化的店铺，深受这部分年轻群体的喜爱，因而形成网红区域。同时，这里原有的老街区和老建筑都呈现了老上海的气息，也是居住在上海的外国人喜欢的一种格调。

当然，"巨富长"也是老的居民区较为集中的街区，沿街建筑的人文背景足以承载这里的地域文化。

从巨鹿路的尾端开始就是著名设计师邬达克早期设计的一长排花园洋房，对面的亚细亚火油公司的建筑则讲述了上海近代史中的一个重要篇章，不远处的景华新邨的弄堂深处是上海地下党负责人刘晓的另一个居所，弄内还有著名的书法家朱屺瞻的寓所。

巨鹿路最西端街景

拍摄数据：时间 2020/2/8，快门速度 1/500 s，光圈 F8。

华山路263弄6号，德莱蒙德住宅

　　始建于1899年的私人庄园。目前是光明集团旗下的老品牌展示馆，可免费参观。
拍摄数据：时间2022/10/12，快门速度0.08 s，光圈F2.8。

过了富民路，巨鹿路758号是原有的沪光科学仪器厂转型而来，该厂的王林鹤是我国最早的1万伏高压电桥的设计者。

富民路上则有上海著名的建筑设计师庄俊设计的古柏公寓和古柏新邨（现为富民新邨），靠近长乐路口是陈植为著名藏书家叶景葵设计的合众图书馆。

长乐路从常熟路一端开始向东值得一走，沿途保留的老建筑都可圈可点，其中有京剧名家周信芳的故居、东湖路口的圣乔治花园。一路向东，小弄堂里有退耕小筑之类的老屋值得探寻，最为有趣的就是624公路酒吧，年轻人都喜欢在上街沿席地而坐喝上一杯。

"巨富长"上众多的咖啡馆、酒吧、冰淇淋店都是人们在走累后乐意坐坐的地方，仅有半开间的门面常常会是意想不到的网红店，符合年轻人打卡的需求。

华山路303弄16号，蔡元培故居

1937年10月，蔡元培先生由上海市愚园路寓所迁至海格路（今上海市华山路303弄16号）居住，日军侵占上海后，蔡先生果断移居香港。

原产权人曾辗转买卖，最终由挂名美商的溢中地产公司盛泮澄（洋务派代表人物盛宣怀的第三子）用他的名义为孔祥熙购置，上海解放后由上海市人民政府代管，继续归蔡元培先生亲属居住使用。

2010年1月，蔡元培故居被上海市人民政府命名为上海市爱国主义教育基地。现免费开放。

拍摄数据：无人机航拍，时间2022/10/9，快门速度1/640 s，光圈F2.8。

"巨富长"既是串联起淮海中路和南京西路商圈的重要纽带，又是武康路沿安福路走过来的人流汇聚点，无论是工作日还是休假日，这里总能见到年轻人的身影。

兜"巨富长"是兜氛围，路上的人在看风景，也成为风景的一部分。

英国亚西亚火油公司于1929年投资建造9幢花园别墅，供外籍高级职员居住。1951年，该公司结束在中国的业务，此别墅区由政府征用，改为南京军区空四军招待所，周边居民简称为"空招"。

拍摄数据：时间2011/4/5，快门速度1/250 s，光圈F11。

巨鹿路西段双号一侧的建筑，是1919—1920年由建筑设计师邬达克在克利洋行设计的花园洋房，1999年被上海市政府列为优秀历史建筑。

拍摄数据：时间2022/5/27，快门速度1/640 s，光圈F1.85。

112

巨鹿路最西端俯视图

拍摄数据：无人机航拍，时间 2022/5/23，快门速度 1/1600 s，光圈 F2.8。

巨鹿路820弄，景华新邨

宁波籍商人周湘云在原私家花园"学圃"南侧辟出一块土地建造景华新邨，1938年建造。

景华新邨12号是艺术大师朱屺瞻故居，22号是刘晓、刘长胜、沙文汉等20世纪40年代的中共上海地下组织领导人活动点。

拍摄数据：无人机航拍，时间2019/9/17，快门速度1/270 s，光圈F2.2。

巨鹿路845弄1号，著名实业家荣宗敬和荣德生的族叔荣鄂生私宅

1947年，该建筑由建筑师江应麟设计开工建造。

拍摄数据：无人机航拍，时间2022/5/23，快门速度1/1600 s，光圈F2.8。

巨鹿路852弄，邬达克设计

拍摄数据：时间2004/11/28，快门速度0.022 624 4 s，光圈F2.8。

　　巨鹿路675号，1926年著名建筑设计师邬达克为民国实业家刘吉生设计了这幢花园洋房，耗资20万银元，被公认为当时上海最美丽的花园住宅之一。

　　拍摄数据：时间2022/12/18，快门速度1/400 s，光圈F4.5。

　　拍摄数据：时间2020/6/2，快门速度15 s，光圈F11。

富民路43号，近代实业家郁芑生的"丰庐"。现为华东模范中学校区。

拍摄数据：时间2017/7/2，快门速度1/60 s，光圈F8。

南华新邨，1937年建造，新式里弄建筑，英商五和洋行所开发营建。北京大学前校长蒋梦麟、同盟会元老葛光庭都曾居住于此弄内。

拍摄数据：时间2018/10/23，快门速度1/200 s，光圈F8。

富民路197弄，古柏公寓

　　1931年，由四行储蓄会购地10亩为本行职员所建公寓，由著名建筑师庄俊设计。

　　拍摄数据：无人机航拍，时间2021/12/5，快门速度1/500 s，光圈F2.8。

富民路148—172弄，富民新邨

　　原名古拔新邨，后随古拔路改富民路称今名。1911—1936年，先后建成。由大明火柴公司创始人邵修善投资，与古柏公寓同为中国设计师庄俊设计。

　　拍摄数据：时间2017/7/30，快门速度1/200 s，光圈F11。

富民路东湖路长乐路街心花园，周边居民称之为三角花园。其左侧为叶景葵创办的合众图书馆。

拍摄数据：无人机航拍，时间2022/12/15，快门速度1/400 s，光圈F4.5。

街心花园中的田汉塑像由上海市文学艺术界联合会、上海市戏剧家协会于1995年12月28日立，由著名雕塑家章永浩创作，由杜宣题写碑文。

拍摄数据：时间2018/12/24，快门速度1/800 s，光圈F8。

街心花园西南侧，东湖路51号原圣乔治花园，1932年建造，新中国成立后作为市委党校的干部住宅。

拍摄数据：无人机航拍，时间2019/9/13，快门速度0.002 613 s，光圈F2.2。

长乐路637弄，友华村

1933年，由周浩泉开设的三兴地产公司兴建，弄内24号的蓝印花布博物馆由日本友人久保麻纱创建。

拍摄数据：时间2017/6/25，快门速度1/100 s，光圈F2.8。

长乐路东湖路口

长乐路原名蒲石路，到这个路口为止。东湖路原名杜美路，一直延伸到常熟路口。

拍摄数据：时间2015/2/19，快门速度1/100 s，光圈F11。

长乐路662号，退耕小筑，中华书局创始人吴镜渊的私宅

拍摄数据：无人机航拍，时间2020/10/1，快门速度1/400 s，光圈F2.8。

长乐路襄阳北路西侧的个性化咖啡店

拍摄数据：时间 2018/6/20，快门速度 1/60 s，光圈 F4。

长乐路624号，公路商店

这里是近年来年轻人愿意席地而坐喝一杯的时尚地标性酒吧。

拍摄数据：时间 2019/6/29，快门速度 1/125 s，光圈 F5.6。

拍摄数据：时间 2020/2/29，快门速度 1/100 s，光圈 F1.8。

长乐路襄阳北路口，是普通市民购买早点的区域。

拍摄数据：时间2018/5/3，快门速度1/80 s，光圈F8。

126

长乐路陕西南路西侧建筑，1916年由法国洋行买办龚待麟建造；1915年卖给宝昌洋行。其外观以巴洛克风格示人，内部则是中国传统风格结构。

拍摄数据：时间2018/6/30，快门速度1/50 s，光圈F4。

长乐路274弄14号，20世纪30年代初建造。

拍摄数据：无人机航拍，时间2021/12/1，快门速度1/240 s，光圈F2.8。

长乐路39弄至陕西南路一侧长乐邨，原名凡尔登花园，1925年由华懋地产有限公司投资，安利洋行设计，建成于1929年。著名漫画艺术家丰子恺曾长期居住在弄内93号。

拍摄数据：时间2014/11/28，快门速度1/100 s，光圈F11。

长乐路294弄，高福里

高福里于1925—1932年分批建成，居民称之为老高福里和新高福里，由地产商张义坤投资兴建。这是弄堂内保存得最为完好的钱家。

CAT
海派文化建筑阅读

延安中路

延安别墅

陕西北路
Shaanxi Rd.(N)

陕西南路
Shaanxi Rd.(S)

大乐路

淮海中路

陕南村

永嘉路

尚贤坊

文化广场

七、陕西路

陕西路精彩的一段是从陕西北路、新闸路向南开始的，它从这里一直延伸到陕西南路、巨鹿路口，被推介为"中国历史文化街"，这是上海获此殊荣的三条马路之一，也是上海64条永不拓宽的马路之一，兜这条马路还可以领略上海人曾经的居住氛围。

陕西北路段曾经为公共租界的西摩路，是上海开埠后中西多元文化交融的代表性路段，见证了近代风云变幻。短短500米的西摩路上，太平花园、何东公馆、西摩会堂、荣宅、宋氏花园、崇德女中校舍旧址、上海大学遗址等优秀历史建筑均集中于此。

跨过延安中路，则是原来法租界的亚尔培路（现在的陕西南路），陕西南路的精彩从童话城堡般的马勒别墅开始，在人行天桥上就可以看到它的全貌，只要进去喝个下午茶，就可以到这座近百年的老别墅内部转转。

在巨鹿路口向西，同样有一座神秘的花园别墅，这就是曾经的"爱神花园"，现在是上海作家协会办公地点。

陕西北路549号的晋公馆建于1924年，新古典主义与装饰艺术派相结合的建筑风格，最早是苏州东山富商沈延龄的私宅。

拍摄数据：时间2019/3/27，快门速度0.6 s，光圈F8。

到了长乐路口，东南侧的长乐村是曾经的凡尔登花园，是以仿英国露明木骨架墙的英法混合式呈折衷主义风格的建筑群，著名漫画家丰子恺曾经居住于此。

过了新乐路，就进入上海最为繁华的淮海中路商业街，靠近新乐路一侧则是个性化餐饮小店的聚集点，走累了可以在这里歇歇脚。

走过南昌路后，又是一片安静的居住区，最为著名的就是加油站后面的陕南邨，这是老上海人都羡慕的居住区，里面曾经居住过早期的电影明星王丹凤。

沿途可以看到的上海文化广场，是从早年的上海跑狗场通过迭代变化而来，目前是各个剧目汇聚演出的场地，是真正受到文化人喜爱的场所。

134

途经绍兴路口的明复图书馆，它是1930年落成的我国第一座采用新式设计的专业图书馆。它的建造和创办可以说是我国一批早期海外留学归国科学家心血的结晶，追本溯源，其建造可以追寻至中国最早诞生的现代科学学术团体——中国科学社。

陕西北路夜景

拍摄数据：时间 2018/3/30，快门速度 30 s，光圈 F11。

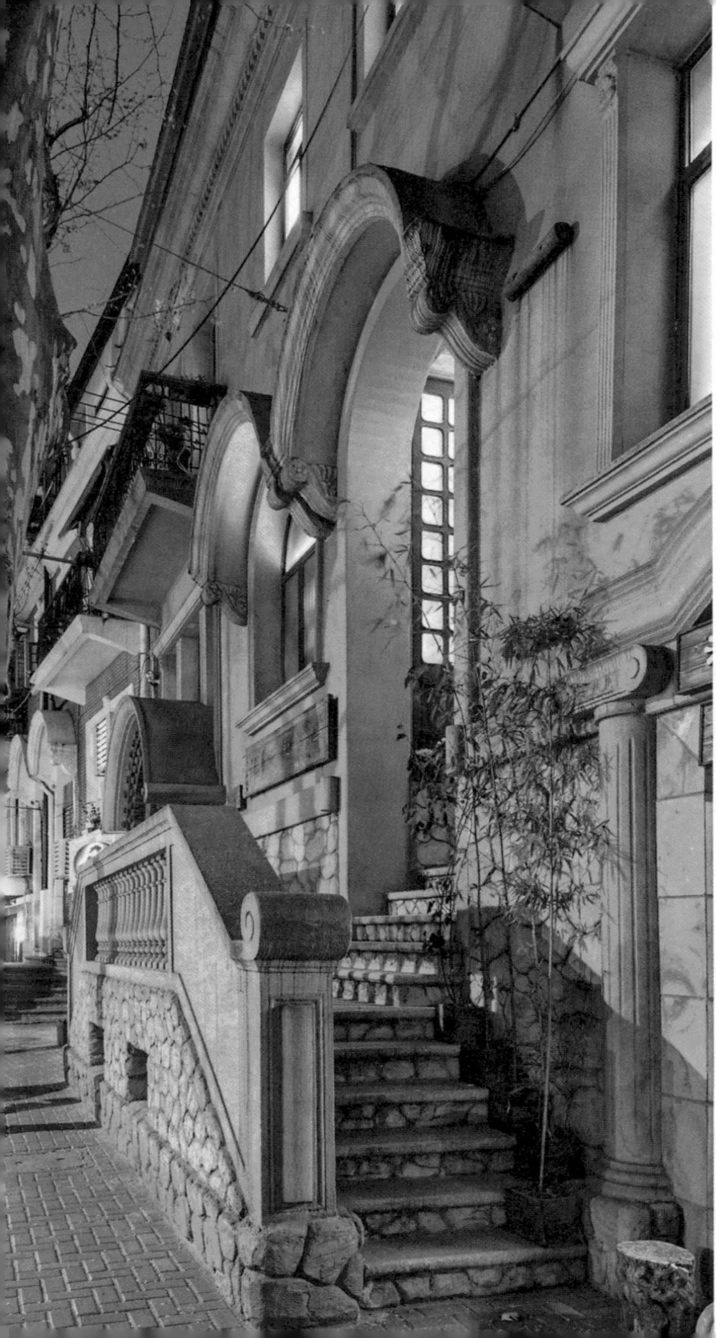

到了建国西路口，这里又有一片石库门建筑群，这就是步高里。步高里建造于1930年，是目前上海保存较完整、也是现存未经大变动的弄堂建筑，这是著名作家巴金先生在上海多个居住地之一，胡怀琛、张辰伯等文化人以及英语教育家平海澜等曾先后居住于此。

拍摄数据：无人机航拍，时间2021/3/10，快门速度1/180 s，光圈F2.8。

陕西北路500号西摩会堂，又名拉希尔会堂，为希腊神殿式建筑，1920年沙逊家族成员雅各布·沙逊为了纪念亡妻建造的，后来作为上海犹太人的宗教活动中心。西摩会堂是中国19项被列入世界纪念性建筑遗产保护名录的建筑中唯一位于上海的建筑，是目前在上海建成时间最早、远东地区规模最大的犹太教会堂。

拍摄数据：时间2017/9/6，快门速度1/100 s，光圈F8。

陕西北路470弄太平花园室内

拍摄数据：时间2018/1/12，快门速度4 s，光圈F8。

陕西北路457号何东旧居，建于1926年，由邬达克设计。

太平花园夜景

拍摄数据：时间 2018/3/30，快门速度 30 s，光圈 F8。

陕西北路380号，许崇智旧居

　　1925年，国民党元老、粤军总司令许崇智被蒋介石篡夺兵权后离粤赴沪，曾携家眷暂住于此。

　　拍摄数据：时间2018/3/30，快门速度1/2 s，光圈F8。

陕西北路375号，怀恩堂

　　拍摄数据：无人机航拍，时间2021/3/10，快门速度1/1250 s，光圈F2.8。

陕西北路461号，崇德女中

崇德女中是上海市基督教广东浸信会汤杰卿牧师与万应运博士等筹资建立的私立教会女中，建于1905年。

1 陕西北路369号，宋家花园

　　拍摄数据：时间2015/7/19，快门速度1/100 s，光圈F8。

2 　　南洋大楼，1927年竣工，属于上海市第五批优秀历史建筑之一。

　　拍摄数据：无人机航拍，时间2022/9/25，快门速度1/240 s，光圈F2.8。

3 陕西北路南京西路东北角，南洋大楼

　　拍摄数据：时间2018/3/31，快门速度2 s，光圈F8。

平安公寓室内

　　拍摄数据：时间2016/3/3，快门速度3.2 s，光圈F16。

平安公寓

　　拍摄数据：时间2018/3/31，快门速度2.5 s，光圈F8。

　　南京西路陕西路西北路口平安大楼建于1925年，底楼原是一家名为安凯第的商场，楼上则为美式公寓住宅。20世纪30年代，西班牙驻沪领事馆曾驻扎在底楼。1939年，美商雷电华影片公司的葛安农、勃力登投资将大楼底层的安凯第商场一部分改建为平安大戏院；1964年，改为平安电影院；1989年3月，改为平安艺术电影院；2005年，改为商场。

　　拍摄数据：无人机航拍，时间2022/9/25，快门速度1/240 s，光圈F2.8。

陕西北路186号，荣宅

　　该建筑原主人是德国人，它最早修建于20世纪初，在设计上用了很多欧洲古老的技艺和设计语言，"面粉大王"荣宗敬于1918年入住后，又加入了中国传统元素。2004年，荣宅被列入上海市静安区文化遗产；2005年，荣宅荣获"上海市优秀历史建筑"的称号。

　　拍摄数据：无人机航拍，时间2020/6/2，快门速度0.000 879 s，光圈F2.2。

马勒别墅

1927年，英籍犹太人上海跑马厅大班马勒委托当时著名的华盖建筑事务所设计建造私人花园别墅，历时9年，于1936年竣工。

拍摄数据：无人机航拍，快门速度1/400 s，光圈F4.5。

马勒别墅室内

拍摄数据：
时间2018/6/26，
快门速度6 s，光
圈F8。

陕西南路39号长乐邨，原尤尔登花园
拍摄数据：无人机航拍，时间
2022/12/15，快门速度1/160 s，光圈
f5.6

1 陕西南路63弄8号，周祥生、谈家桢旧居
    拍摄数据：无人机航拍，时间2022/3/8，快门速度1/1000 s，光圈F2.8。

2 陕西南路沿途的个性化小吃店
    拍摄数据：时间2016/10/19，快门速度1/125 s，光圈F2.8。

3 陕西南路上的个性化餐饮

陕南邨

拍摄数据：无人机航拍，时间 2019/12/8，快门速度 1/850 s，光圈 F2.2。

陕西南路 151 号，陕南邨内的小别墅

拍摄数据：时间 2022/11/14，快门速度 1/256 s，光圈 F1.85。

陕南邨

拍摄数据：时间 2015/2/18，快门速度 1/25 s，光圈 F20。

154

拍摄数据：时间2013/4/19，快门速度1/30 s，光圈F4。

明复图书馆是我国第一座采用新式设计的专业图书馆，由康奈尔大学中国留学生胡明复、赵元任等于1928年筹建。

拍摄数据：时间2020/2/27，快门速度1/50 s，光圈F11。

155

蔡元培提议以胡明复命名图书馆。1931年1月1日，图书馆正式对外开放。

拍摄数据：时间2013/4/19，快门速度1/100 s，光圈F7.1。

步高里

  步高里，1930年由法商投资，中国建业地产公司设计并施工。弄堂口的门楼用中法两种文字标注，法文名称得名于法国的勃艮第地区。

  拍摄数据：时间2018/4/8，快门速度1/250 s，光圈F4.5。

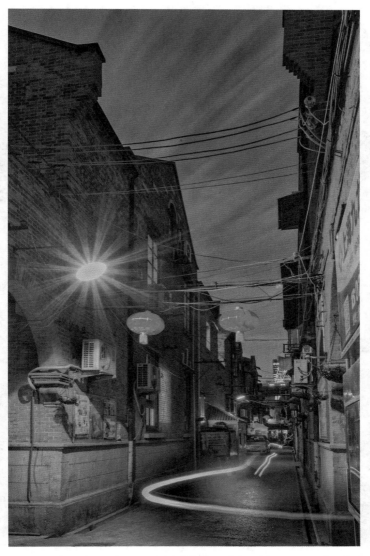

　　巴金、胡怀琛、张辰伯、平海澜等著名人士曾先后居住于此。1989年，被列为市级文物保护单位。

　　拍摄数据：时间2014/12/9，快门速度20 s，光圈F16。

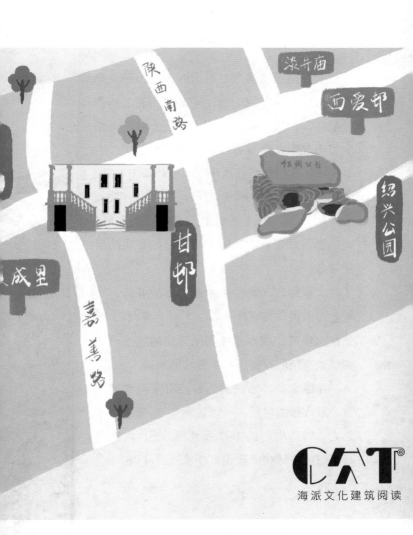

八、永嘉路

　　永嘉路是从瑞金二路向西至衡山路、高安路为止，全长2 072米，它原来的路名叫西爱斯路，1920年修筑。永嘉路在上海的马路中很不起眼，常常容易被人忽略。其实，上海人早年认定的最佳居住状态就是闹中取静，既远离淮海中路的商业喧嚣，又可以有便利的生活设施，这才是老上海人的心头之好，兜永嘉路就是看看普通上海人曾经喜欢的居住状态。

　　永嘉路的起始段曾经有一座淡井庙，早年上海人讲"先有淡井庙，才有上海城"，就是指这座庙，现在要寻找淡井庙的遗迹只能到瑞金宾馆的花园里看到复建的痕迹。

　　在原来淡井庙的对面曾经有家阿大葱油饼，最火爆的时候"一饼难求"，后来搬离了此处。转进周边的小弄堂细品，就可以感受石库门建筑转化成新式里弄建筑的过程。

　　永嘉路15弄的建筑形式已经属于新式里弄，南立面上还留有石库门建筑崇尚的巴洛克风格。

　　拍摄数据：时间2017/4/7，快门速度1/40 s，光圈F8。

从永嘉路的建筑构成来看，石库门建筑的比重在逐步减少，大型的弄堂也在逐步递减，越往西以那种独立的花园洋房居多，居住的环境也越来越好。永嘉路上聚集了很多名人旧居，因此这条路是一条可以一路看、一路阅读的小马路。随着人们对上海历史风貌的重视，永嘉路也就成为上海64条永不拓宽的马路中的一员。

永嘉路39弄，郑家弄8号，独立花园洋房形式

拍摄数据：时间2020/8/1，快门速度1/250 s，光圈F8。

　　永嘉路19弄西爱村，1912年后建造；永嘉路21弄恒爱里，1936年前建造。目前两条弄堂打通后形成不同的建筑风格同在一个区域的状态。

　　从永嘉路15弄开始到永嘉路39弄郑家弄，虽然只有一两百米路，但是建筑形式和等级各不相同，体现了这一时期和这一区域建筑的多样性和变化过程。

　　拍摄数据：时间2020/8/1，快门速度1/1600 s，光圈F8。

永嘉路、嘉善路东南角的"甘邨"是典型的英国式建筑。
拍摄数据：时间2017/4/29，快门速度15 s，光圈F22。

1941年1月，"皖南事变"后，中共中央东南局、新四军军部为便于从上海输送人员到根据地，于同年3月在嘉善路140弄15号秘密建立新四军驻上海办事处。

1942年年底，"新办"被撤销。1991年6月12日，"新办"旧址被徐汇区人民政府公布为徐汇区文物保护单位。

拍摄数据：时间2011/4/5，快门速度1/320 s，光圈F11。

永嘉路291弄，慎成里

慎成里建于1931年，是原法租界越来越少的石库门里弄之一。1939—1942年，弄堂内曾设有中共江苏省委机关（西爱咸斯路慎成里64号，今永嘉路291弄66号）。

拍摄数据：时间2023/1/3，快门速度1/40 s，光圈F8。

永嘉路371号是南国艺术学院旧址，徐悲鸿、洪琛、徐志摩等都曾是这里的老师，田汉也曾在此居住。

拍摄数据：时间2017/3/31，快门速度1/200 s，光圈F8。

永嘉路、襄阳南路东南角的襄阳南路 311 号（原拉都路 311 号），为蒋介石与宋美龄的婚房。1927 年 12 月 1 日，蒋介石与宋美龄结婚。首先在陕西北路宋家花园会客厅举行西式结婚仪式，然后蒋、宋两人坐花车前往戈登路（今江宁路）大华饭店，举行中式婚礼，晚上回到拉都路 311 号。12 月 3 日，也就是新婚的第三天，蒋介石在新居召开了国民党中央二届四中全会预备会，拉开了其复职再出的序幕。

拍摄数据：时间 2022/12/2，快门速度 1/2500 s，光圈 F2.8。

襄阳南路311号室内的楼梯

　　拍摄数据：时间2017/
10/3，快门速度1/30 s，光
圈F8。

拍摄数据：时间 2017/9/14，快门速度 1/40 s，光圈 F8。

大可堂室内

拍摄数据：时间 2017/9/14，快门速度 1/30 s，光圈 F8。

永嘉路345弄庸邨6号，原丝业大亨朱静庵私宅

该建筑20世纪50年代为上海滑稽剧团所用。

拍摄数据：无人机航拍，时间2022/6/11，快门速度1/640 s，光圈F2.8。

1
2	4
3

1 永嘉路383号，同济德文医工学堂教师宿舍楼

第一次世界大战后，该建筑由孔祥熙购为私宅。1976年后，为上海电影译制厂所在。

拍摄数据：无人机航拍，时间2022/6/11，快门速度1/1000 s，光圈F2.8。

2 永嘉路501号，宋子文私宅

　　拍摄数据：无人机航拍，时间2023/1/25，快门速度1/400 s，光圈F4.5。

3 　　永嘉路555号于1932年由赉安洋行设计；20世纪60年代后，翻译家罗玉君入住此处。

　　拍摄数据：时间2013/3/18，快门速度1/1600 s，光圈F11。

4 永嘉路555号俯视图

　　拍摄数据：无人机航拍，时间2022/7/23，快门速度1/640 s，光圈F2.8。

永嘉路563号

1949年12月初，马寅初担任华东军政委员会副主席、浙江大学校长期间曾居住于此。

拍摄数据：无人机航拍，时间2022/7/23，快门速度1/400 s，光圈F2.8。

永嘉路617号，清末民初"禽蛋大王"阮雯衷的私宅

拍摄数据：时间2018/7/27，快门速度0.8 s，光圈F4。

永嘉路569号俯视图

拍摄数据：无人机航拍，时间2022/7/24，快门速度1/240 s，光圈F2.8。

永嘉路569号由赉安洋行设计，原"染料大王"吴光汉于抗战胜利后入住此处。

拍摄数据：时间2018/ 2/25，快门速度1/60 s，光圈F8。

位于永嘉路、岳阳路南侧的岳阳路168号的上海京剧传习馆，是在原上海京剧院旧址上改造而成，是传习京剧技艺、传承京剧艺术、传播京剧文化的重要基地。

拍摄数据：时间2022/12/14，快门速度1/799 s，光圈F1.85。

3号楼草婴书房

拍摄数据：时间2019/4/26，快门速度1/5 s，光圈F8。

位于永嘉路、乌鲁木齐南路北侧178号的衡复艺术中心，原为美国共济会建筑，建造于1932年。上海解放后，时任上海军管会文教委员副主任的夏衍迁居乌鲁木齐南路178号，一直到1955年离开上海赴北京。

后来这里也曾作为徐汇区政协礼堂使用，现经徐房集团整体修缮后打造为衡复艺术中心。夏衍旧居和草婴书房开放予公众参观。

拍摄数据：时间2019/10/31，快门速度1/15 s，光圈F11。

永嘉路尾端、衡山路与安路
五汉路口

拍摄数据：无人机航拍，时
间2023/1/17，快门速度1/1000/s，
光圈F2.8.

苏州河西段

上海造币厂

梦清园

武宁路

华东政法大学

宝成湾

莫德路

长寿路

昌化路

纺织博物馆

澄门路

青路

万航渡

长宁路

叶家宅路

华阳路

湖丝栈

田纺织厂纪念馆

N

S

苏州河中段

九、苏州河沿线

人们常说黄浦江是上海的母亲河，其实，苏州河的历史远远超过黄浦江。苏州河的官方名称是吴淞江，它流经上海已经有上千年的历史，原来没有防汛墙的阻挡，它的走向和宽度远远超过现在人们的想象，这可以在志丹路上的元代水闸遗址博物馆找到答案。

由于黄浦江形成了新的泄洪通道，吴淞江（苏州河）又被防汛墙限制了流向，才形成了我们现在见到的模样。因为早年漕运的需要，苏州河曾经是上海与江浙两省人员往来和物资运输不可忽略的重要通道，沿岸曾经是民族工业发源地，兜苏州河沿线就可以了解这段历史。

苏州河口东北侧新貌

　　这里是老上海的领馆区，现在依然可以看到俄罗斯领事馆和日本领事馆的旧址。

　　拍摄数据：无人机航拍，时间2022/7/2，快门速度1/2500 s，光圈F2.8。

苏州河很长，兜市区段的苏州河沿线要分三段来走。第一段就是从苏州河与黄浦江的交汇口到西藏路桥，可以从外滩源的发展来了解苏州河与城市发展的关系。先移步到黄浦路，从俄罗斯领事馆东侧走上滨江道，这是眺望浦江两岸的最佳位置，看看留存的老建筑，了解这个曾经的领馆区历史。回头看看有百年历史的老建筑礼查饭店（现中国证券博物馆，可以免费入内参观），了解新中国的证券发展史，里面的311房间曾经是周恩来在1927年的避险处。

184

跨过有百年历史的外白渡桥后，沿着南苏州河路向西，向北眺望曾经苏州河北岸地区最高的百老汇大厦（现上海大厦），拐进圆明园路欣赏这些近百年历史的老建筑群，其中不乏著名建筑师的作品。

黄浦路15号，1906年始建的礼查饭店是上海最早的西式旅店，1959年改名为浦江饭店，1990年12月19日改为上海证券交易所，2018年1月改为中国证券博物馆。

原礼查饭店311房间是周恩来与邓颖超在1927年避险时居住的房间。

拍摄数据：时间2019/9/18，快门速度1/200 s，光圈F8。

拍摄数据：时间 2019/3/22，快门速度 1/4 s，光圈 F8。

一路向西，可以跨越苏州河上的每一座桥，穿行于苏州河两侧。值得留意的有：乍浦路桥东南侧的光陆大戏院、四川路桥东南侧的上海第一座加油站及东北侧的邮政大厦；河南路桥东北侧的河滨大楼、西北侧的上海总商会旧址及复建后的天后宫；浙江路桥西南侧的尊德里和曾经的货栈改造的衍庆里；西藏路桥西北侧的四行仓库旧址。

第二段是从西苏州河路到莫干山路来一场艺术盛

黄浦江苏州河口，是外滩建筑的发源地，外滩沿线的建筑基本上是从中山东一路33号原英国领事馆的建筑开始向南延伸，被称为外滩源。

拍摄数据：无人机航拍，时间2022/7/26，快门速度1/1600 s，光圈F2.8。

宴。走进M50创意园区免费欣赏各类艺术品，这里有各种老厂房改建的艺术家工作室，时而有各种摄影绘画展览。澳门路上的纺织博物馆更是不容错过。也可以走上沿苏州河步道一路向西，沿途了解曾经的纺织工业、面粉工业的发源地，欣赏新建成的"天安千树"建筑，不要忘了跨过昌化路桥找到最佳的拍摄角度。继续沿宜昌路向西，可以到梦清园环保主题公园了解苏州河改造的历程，到江宁路桥看有近百年历史的中央造币厂旧址（现上海造币厂）。

中山东一路33号原英国领事馆，外滩建筑的起始点

拍摄数据：无人机航拍，时间2022/7/26，快门速度1/1600 s，光圈F2.8。

　　第三段的重点是在华东政法大学周边，首先可以在万航渡路1384弄12号看诞生于清同治十三年（1874年）的湖丝栈，再从万航渡路华东政法大学正门进入校园，或沿苏州河步道一路欣赏这座有140年历史的学校（原圣约翰大学），还可以到百年历史的中山公园（原兆丰花园）转转。

　　有兴趣的朋友可以继续向西，看看丰田家族的发源地丰田纱厂铁工部旧址和丰田纺织厂纪念馆，跨过中山路桥，到对岸看看改造后的百年老建筑瑞华樟园，可以在此拍照打卡和小酌。

　　位于长风公园片区的苏州河工业文明展示馆距离有点远，有徒步爱好的朋友可以沿苏州河步道一路前行，相信会有新的收获。

南苏州路107号，新天安堂

　　该建筑建成于1886年，当年是上海一座著名的侨民教堂，又称联合礼拜堂，由英国建筑师道达尔设计，曾作为照明灯具厂办公楼。2007年1月24日凌晨3时，一场大火烧毁了新天安堂残存的东侧礼拜堂。2009年2月，新天安堂遗址拆卸全部构件后进行"落架大修"。2010年上海世博会期间，重建完成，依原图纸重建了东侧礼拜堂和尖塔。

　　拍摄数据：无人机航拍，时间2022/7/2，快门速度1/2500 s，光圈F2.8。

北苏州路20号，上海大厦

　　该建筑原名百老汇大厦，由上海第一家英商地产公司业广地产公司于1930年投资兴建。1934年竣工，由英国的法雷瑞设计，由新仁记领衔的六家营造厂施工。1951年5月1日，上海市人民政府改名为上海大厦，现为五星级涉外饭店。

　　拍摄数据：无人机航拍，时间2021/4/26，快门速度1/500 s，光圈F2.8。

　　苏州河通过多期改造后正在成为市民们喜爱的公共空间，在推进贯通工作的同时，注重了进一步提升空间品质和服务水平，实现"长藤结瓜"式的空间格局。

　　外白渡桥两侧正在成为休闲、观景的最佳平台。

　　拍摄数据：时间2021/12/26，快门速度1/1000 s，光圈F8。

乍浦路桥南堍

拍摄数据：时间 2022/2/13，快门速度 20 s，光圈 F22。

乍浦路桥已经成为摄影爱好者的天堂，凌晨等日出、黄昏等夜景成为必修课之一。

拍摄数据：时间2022/2/13，快门速度13 s，光圈F11。

四川路桥南堍上海最早的国营加油站，改造后人称最美加油站。

拍摄数据：时间2022/2/13，快门速度4 s，光圈F8。

　　光陆大戏院位于虎丘路146号，观众厅2层，807座，由美商沙孟洋行于1926年创办，专映电影。1933年12月，英侨爱美剧社曾租营演出话剧。1941年，光陆大戏院被侵华日军强占，改为文化电影院专映日本新闻影片。抗战胜利后，被美军租用作俱乐部。1951年1月，上海市文化局接管剧影兼营。1954年2月10日，改名为曙光剧场，以话剧、京剧、越剧、豫剧、曲艺、杂技演出为主。1955年，改为专映科教电影。1964年，划归市外贸局使用。现作为外滩源改造项目之一。

　　拍摄数据：无人机航拍，时间2022/7/2，快门速度1/2500 s，光圈F2.8。

江西中路464—466号，是原英商自来水公司办公楼，约建于1880年，为欧洲外廊式建筑。

英商上海自来水股份有限公司于1880年11月2日成立，是上海最早的自来水公司，公司在江西路、香港路口建造了容量为15万加仑（682立方米）的水塔一座。次年，该公司建造了上海第一座正规化城市水厂——杨树浦水厂，并于1883年8月1日正式供水。原来此处还有一座通往苏州河北岸运送自来水的江西路桥，俗称自来水桥。

195

拍摄数据：无人机航拍，时间2022/2/5，快门速度1/1000 s，光圈F2.8。

北苏州河路276号，上海邮政总局大楼

　　1922年，上海邮务管理局购得四川北路北堍的土地，并于同年12月开始兴建大楼。1924年11月，大楼竣工，于12月1日正式对外营业。

　　上海邮政大楼由英商思九生洋行建筑师思九生设计，施工方由华商余洪记营造厂总承包建造，总造价320余万银元。

　　1949年春，中国人民解放军展开了解放上海的战役。邮政总局大楼是国民党军队最后扼守的据点。

　　拍摄数据：无人机航拍，时间2022/7/2，快门速度1/1600 s，光圈F2.8。

北苏州河路400号，河滨大楼

　　该建筑于1931年由新沙逊洋行投资，公和洋行设计，新申营造厂建造，于1935年竣工。河滨大楼曾经是上海单体建筑总面积最大的公寓住宅楼（时称亚洲第一公寓），1938年曾接纳被德国纳粹迫害逃往上海的犹太难民。现在不少影视剧都取景该公寓内。

　　拍摄数据：无人机航拍，时间2022/2/5，快门速度1/800 s，光圈F2.8。

北苏州路470号，上海总商会旧址

此处原系清政府出使行辕旧址，光绪十年（1884年）在这里征地8000平方米分别建造天后宫和出使行辕。1911年11月至12月19日，上海军政府划定铁马路（今河南北路）天后宫（原清政府出使行辕），作为上海商务公所的办公地址。1912年2月，上海商务公所与上海商务总会合并成立上海总商会后，在天后宫原址建造议事厅和办公楼，新会址就设在今北苏州路470号。总商会大楼由英商通和洋行设计建造。上海总商会迁入北苏州河路后的首任会长为朱葆三。

自2011年起，历经7年复建该大楼。

拍摄数据：无人机航拍，时间2020/9/1，快门速度1/500 s，光圈F2.8。

浙江路桥，曾被民间称为垃圾桥，只因边上有靠河道运输的垃圾转运站。桥的南堍是南浔富商投资兴建的尊德里。

拍摄数据：时间2022/2/13，快门速度1 s，光圈F11。

南苏州河路衍庆里，原章华毛绒、纺织公司上海货栈和中国垦业银行仓库，建于1929年。

拍摄数据：时间2018/8/22，快门速度1/60 s，光圈F8。

苏州河南北高架东北侧是福新面粉一厂旧址，位于长安路101号、光复路423—433号。

拍摄数据：无人机航拍，时间2020/3/14，快门速度0.000 599 s，光圈F2.2。

光复路1-21号，四行仓库

四行仓库全称为四行信托部上海分部仓库，是由交通银行（大陆银行）与北四行信托部于1931年兴建的联合仓库（堆栈）。

2015年8月13日，四行仓库抗战纪念馆对外开放。同期，被国务院公布为国家级抗战纪念设施。

四行仓库保卫战发生于1937年10月26日至11月1日，它的结束标志着淞沪会战的结束，参加这场保卫战的中国士兵被称为"八百壮士"。

拍摄数据：时间2021/4/4，快门速度1/1600 s，光圈F11。

拍摄数据：时间2017/5/6，快门速度1/60 s，光圈F8。

苏州河叉袋角，莫干山路 M50 创意园区

拍摄数据：无人机航拍，时间 2021/

3/10，光圈速度 1/640 s，光圈 F2.8

　　昌化桥东南侧"天安千树"，由英国设计师托马斯·希瑟维克担纲设计，历时八年推敲酝酿，在原有的面粉厂、棉纺厂的基底上加以改造，是将"在地性"纳入宏大商业地产的规划之中的典型。

　　拍摄数据：无人机航拍，时间2022/12/12，快门速度1/100 s，光圈F5.6。

宜昌路130号，梦清园主题公园，2003年在原德商啤酒厂和无线电厂以及老旧居民区的基础上改建而成，2005年建成开园。它是全国最大、上海第一座活水公园，绿化率达到84%，园内的梦清馆共分3个展厅，展现苏州河水治理的成果。梦清园地下6米深处隐藏着一座3万立方米的雨水调蓄池，是苏州河沿线4个调蓄池之一。

拍摄数据：无人机航拍，时间2022/12/12，快门速度1/160 s，光圈F5.6。

　　上海铸币厂厂房于1922年建造，由通和洋行设计、姚新记营造厂承建，仿美国费城造币厂样式，建筑面积为4 456.84平方米，钢筋混凝土结构，中部3层，两端2层；立入口门廊高及2层，以爱奥尼克柱支承，上饰三角形山花，两侧饰贯通二层的爱奥尼克壁柱；方形门窗，汰石子外墙。铸币厂房于1994年被公布为上海市第二批优秀历史建筑；铸币厂房、水塔和辅助仓库于2004年被公布为第一批普陀区登记不可移动文物，已列入第三批国家工业遗产名单。

　　拍摄数据：无人机航拍，时间2022/7/3，快门速度1/1600 s，光圈F2.8。

湖丝栈诞生于清同治十三年（1874年），位于当时的极司菲尔路（今万航渡路1384—1424弄），因为是湖州丝商筹建的，故用"湖丝栈"命名，是一处蚕茧加工场及堆栈，也是上海最早从事丝绸加工的工厂。随着外商人造丝的大量顿销和抗日战争的爆发，湖丝栈长达半个世纪的经营历史被迫中断，原厂房被改为军需品厂，还曾先后作为达丰布厂仓库和常熟轮船公司的堆栈，上海解放后又成为市五金交电公司仓库。随着产业创新转型，现在的湖丝栈作为上海创意产业集聚地。

拍摄数据：无人机航拍，时间2022/3/24，快门速度1/3200 s，光圈F2.8。

万航渡路1575号，华东政法大学长宁校区

　　该校创建于1879年，原名圣约翰书院，是由美国圣公会上海主教施约瑟将圣公会原辖培雅书院（1865年）和度恩书院（1866年）合并而成，在沪西梵皇渡购地兴办。1881年，成为中国首座全英语授课的学校。1892年起，开设大学课程，1905年，升格为大学，是中国第一所现代高等教会学府。1913年，开始招收研究生。至1949年春，设有文、理、医、工、神5个学院和附属中学。

　　拍摄数据：无人机航拍，时间2022/12/12，快门速度1/160 s，光圈F5.6。

　　拍摄数据：无人机航拍，时间2022/12/12，快门速度1/160 s，光圈F5.6。

209

拍摄数据：无人机航拍，时间2022/12/12，快门速度1/160 s，光圈F5.6。

万航渡路2170号，国棉六厂棉花仓库旧址

上海丰田纺织厂是创始人丰田佐吉于1921年11月29日设立的，是丰田集团第一家海外工厂。抗日战争胜利后，工厂由国民党中国纺织建设公司接管，改名为中国纺织建设公司上海第一机械厂。1950年，工厂改建为国营上海第一纺织机械厂（简称一纺机）。2007年，丰田纺织（中国）有限公司向一纺机租下当年的办公楼和干部食堂，实施复旧工程，在集团内部命名为上海丰田纺织厂纪念馆。目前仅在文化和自然遗产日对外开放。

拍摄数据：时间2016/11/5，快门速度1/100 s，光圈F11。

拍摄数据：时间2017/6/10，快门速度1/25 s，光圈F8。

　　万航渡路2318号，丰田纺织纱厂铁工部旧址，上海丰田纺织厂纪念馆。

　　拍摄数据：时间2017/6/10，快门速度1/20 s，光圈F8。

王造时旧居

左联旧址

鸿德堂

汤恩伯公馆

1927

上海现代儿童美术馆

多伦路
Duolun Rd.

N

S

中共江

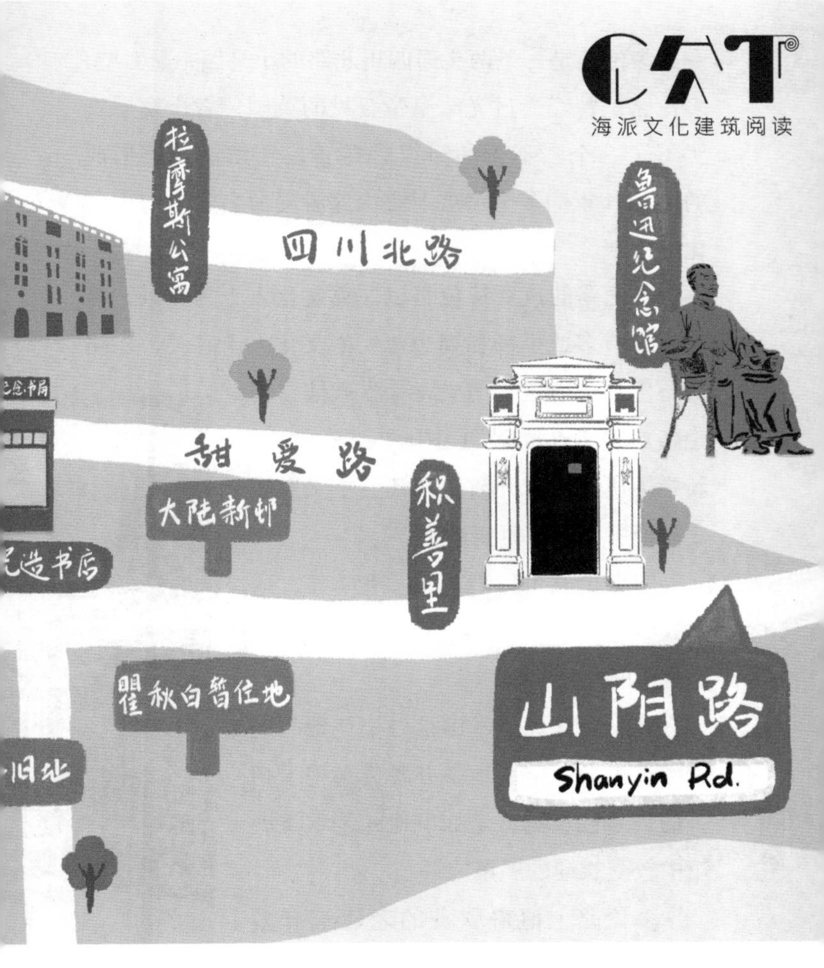

CAT
海派文化建筑阅读

四川北路

拉摩斯公寓

鲁迅纪念馆

甜爱路

大陆新邨

积善里

瞿秋白暂住地

...造书店

...旧址

山阴路
Shanyin Rd.

十、多伦路

多伦路是一条两头通四川北路的小马路，呈 L 型，多伦路是曾经受过光绪皇帝召见的英国传教士窦乐安买下了一个三不管的河道后在 1912 年填浜筑路形成的。2001 年，多伦路被上海市旅游局命名为上海市文化特色街。

多伦路的重要特色是以左翼文化人士为背景，沿途建筑或多或少都和周边曾经的文化人士有关，一路的塑像都是以这些历史背景为载体，多伦路是"四史教育"（中国共产党党史、新中国史、改革开放史和社会主义发展史教育）的一个重要讲解点。

兜多伦路可以看展馆、看建筑，通过这些建筑特性和人文背景来了解四川北路周边的人文底蕴。

多伦路现代美术馆是一个免费的展馆，这里会不定期地举办各类与美术相关的创意性展览，是虹口地区艺术类展馆中较受欢迎的展馆之一。

多伦路上值得欣赏的老建筑有多伦路 59 号的鸿德堂、66 号的薛公馆、93 号的王造时旧居、145 号的中华艺术学校宿舍旧址、189号的赵世炎旧居、201弄2号的左联纪念馆以及马路对面的永安里和四川北路2023弄35号的汤恩伯旧居，同样不容错过的还有多伦路北侧的拉摩斯公寓。

鲁迅先生是多伦路的主要话题，他在1927年10月从广州来到上海后就被周边的文化氛围所吸引，于是选择了多伦路边上的横浜路景云里为居住地，多伦路8号的原公啡咖啡馆是他与文学青年们交流的主要场所。

无论他到"左联"开会还是到他喜欢的内山完造书店、虹口公园，多伦路都是他经常走过的马路。

拍摄数据：时间2019/9/27，快门速度1/20 s，光圈F11。

多伦路附视图

拍摄数据：无人机航拍，时间
2023/1/7，快门速度1/400s，光圈F4.5

值得打卡的地方有多伦路现代美术馆、鸿德堂（可以入内参观）、夕拾钟楼和电影时光酒吧，其中最值得一提的，就是位于多伦路201弄2号的"左联"纪念馆，以及251号的公啡书社。

夕拾钟楼边上的横浜路是真正意义上的鲁迅小道，这里通往鲁迅先生来上海后早期居住的景云里，是喜欢鲁迅文学和他的仰慕者必到之处，早年鲁迅先生经常从这条小路走到公啡咖啡馆来与文学青年交流，现在又是人们前往仰慕大师的朝圣之路。

目前，多伦路地上都有相应的指示地标，只要沿着标志一路前行，就不会错过重要内容。

与多伦路文化名人街相关的人物有鲁迅、茅盾、冯雪峰、郭沫若、赵世炎、汤恩伯、王造时、内山完造、丁玲、周恩来等。

多伦路66号建筑约于1920年由薛氏建造，人称薛公馆。该建筑的外观为青砖砌筑，周围有较大的庭院，主体部分原来是外廊式建筑，形式上受英国乔治王朝时期风格的影响，入口门廊呈现古典主义样式。

拍摄数据：无人机航拍，时间2023/1/7，快门速度1/400 s，光圈F4.5。

多伦路的标志性建筑夕拾钟楼

夕拾钟楼名字取自鲁迅先生的著名文集《朝花夕拾》，南侧小路通往鲁迅早年的旧居景云里，此路被称为鲁迅小道。

拍摄数据：无人机航拍，时间2020/3/6，快门速度0.000 43 s，光圈F2.2。

在整个四川北路沿线，20世纪二三十年代它就是中国近代史上文化人士卧虎藏龙之地，是许多文坛名流曾经工作与居住的地方。

从多伦路北侧出来，就可以看到一幢堡垒型的建筑，这就是原来的江湾路1号，曾经的日本海军陆战队和后来的淞沪警备司令部旧址，不远处的黄渡路107弄曾设立过中共秘密电台，是李白烈士曾经工作的地方，他就是在此处为党中央传递了许多重要的情报。

从多伦路北侧出来后，可以接着兜兜山阴路，这又是虹口境内值得一兜的重要路段。

220

景云里俯视图

拍摄数据：无人机航拍，时间2021/6/5，快门速度1/350 s，光圈F2.8。

多伦路59号，上海基督教鸿德堂

鸿德堂始建于1925年，1928年10月落成，系长老会沪北堂的新堂，为纪念美国基督教长老会传教士、上海美华书馆负责人费启鸿，故名鸿德堂。该建筑由毕业于南洋大学（今上海交通大学）土木科的中国建筑师杨锡镠设计，屋顶采用中国传统的斗拱飞檐结构，是上海市唯一一座中国传统建筑风格的基督教堂。

拍摄数据：无人机航拍，时间2023/1/7，快门速度1/400 s，光圈F4.5。

多伦路93号，王造时旧居

　　王造时是我国近代民主运动的先驱之一，"五四运动"的领导人之一，著名的"七君子"之一，20世纪50年代任复旦大学历史系教授，兼任上海市政协委员、上海市政协常务委员、上海市法学会副会长等。

　　拍摄数据：无人机航拍，时间2023/1/7，快门速度1/400 s，光圈F4.5。

多伦路145号，中华艺术大学宿舍旧址

拍摄数据：无人机航拍，时间2023/1/7，快门速度1/400 s，光圈F4.5。

多伦路197号，赵世炎故居

拍摄数据：时间2019/10/4，快门速度1/125 s，光圈F5.6。

永安里是由郭氏永安公司在1925—1945年分批次投资兴建。

1928年，在中共中央机关工作的黄阶然受命在四川北路1953弄（永安里）135号建立一个中央开会的联络点。先是由黄阶然夫妇及父母住此掩护，后周恩来安排张纪恩夫妇住此。不久，因张纪恩夫妇搬迁到浙江中路清和坊，此联络点撤销。

1931年4月25日，当顾顺章叛变后，周恩来夫妇紧急转移到永安里44号堂兄家藏匿，躲过了国民党的围捕。

拍摄数据：时间2017/8/19，快门速度1/100 s，光圈F5。

多伦路201弄2号，左翼中国作家联盟旧址

　　拍摄数据：时间 2019/11/14，快门速度 1/50 s，光圈 F11。

多伦路201弄2号建造于1924年，英国新古典主义风格的建筑，1929—1930年被中华艺术大学租用。1930年3月2日，在中华艺大大学的教室召开了中国左翼作家联盟成立大会，1930年8月，中华艺术大学被国民党当局查封。

中国左翼作家联盟，简称"左联"，是中国共产党于1930年3月2日在上海领导创建的一个文学组织，目的是与国民党争取宣传阵地，吸引广大民众支持其思想。

拍摄数据：无人机航拍，时间2023/1/7，快门速度1/400 s，光圈F4.5。

四川北路2023弄35号，在日本占领上海时期曾作为日本军官宿舍，抗战胜利后，由国民党军队安排汤恩伯和陈仪居住。1949年，时任浙江省主席的陈仪企图规劝策反京沪杭警备司令汤恩伯未果，被告密后在此被捕，后被押解台湾，1950年在台湾被害。

四川北路2023弄35号，汤恩伯旧居

拍摄数据：时间2014/4/24，快门速度1/160 s，光圈F8。

虹口区多伦路210号，20世纪20年代由广东商人李氏兄弟建造，抗战胜利后，用作桂系将领白崇禧的寓所，人称白公馆。

上海解放后，这里曾经先后为上海画院和上海越剧院使用，现为海军411医院体检处。

拍摄数据：无人机航拍，时间2023/1/7，快门速度1/400 s，光圈F4.5。

多伦路215号，建于1924年，原是广东商人李观森的宅邸。

1937年8月13日，淞沪会战爆发，三个月后上海沦陷，李家宅院便被日军强占，先后作为汪伪政府行政院长梁鸿志的官邸和日本海军陆战队司令官的宿舍。

抗战期间该建筑后为上海纺织局老干部活动室。2006—2012年，曾为中共"四大"史料陈列馆、中共在虹口史料陈列馆、虹口现当代文化名人墨迹陈列馆。

拍摄数据：无人机航拍，时间2023/1/7，快门速度1/400 s，光圈F4.5。

四川北路2079—2099号的拉摩斯公寓（现在的北川公寓），1928年由英国人拉摩斯建造。

鲁迅先生因躲避反动派的追捕，经日本友人内山完造的推荐，从景云里搬到此处。1931年4月25日，鲁迅与冯雪峰一起编订《前哨》创刊号。柔石、冯雪峰、史沫特莱和内山完造等人经常造访住在拉摩斯公寓的鲁迅。

淞沪会战爆发后，鲁迅出于安全以及儿子健康的考虑，于1933年4月经内山完造介绍搬至大陆新村9号。

拍摄数据：时间2014/4/6，快门速度1/200 s，光圈F5.6。

黄渡路107弄（原亚细亚里）15号是中国共产党优秀的谍报员李白烈士故居。抗战胜利后，他又来到上海从事地下报务员工作，1945年，电台设于亚西亚里6号。1947年上半年，电台迁入亚细亚里15号三楼。

秘密选址在黄渡路，是因为与江湾路1号淞沪警备司令部仅一路之隔，这样可以将信号混淆在敌方本就密集的报务信号中。

1948年12月30日凌晨，国民党采用分区停电的办法测得电台方位，李白被捕。国民党特务对他施以种种酷刑。1949年5月7日夜，李白被害于浦东戚家庙。

拍摄数据：时间2019/11/14，快门速度1/2 s，光圈F11。

黄海路107弄, 亚细亚里俯视图

拍摄数据: 时间2014/4/6,
快门速度1/400 s, 光圈F16

十一、山阴路

山阴路是虹口区境内的一条街道，南北呈反 L 型走向，南起四川北路呈东西向，转而南北向一路向北至祥德路相衔接，长651米。

山阴路原名施高塔路，以1894—1897年工部局总董的名字命名，由上海公共租界工部局于1911年越界筑路而成。1943年更名为山阴路。

自1870年中日两国签订《中日修好条规》后，日本人开始来上海经商、侨居，他们在上海最早的聚集地在杨浦和虹口，其中，杨浦以工厂为主，商业和民居则集中在虹口。此处的大部分建筑都曾被按照日本人早年的生活习惯来建造或改造，山阴路上的弄堂无论是名称还是建筑式样，至今都留有日式痕迹。

　　山阴路一侧的甜爱路，因路名而引起年轻人的憧憬，她们希望在这里有一份爱的寄托和传递，也在这里留下一份爱的种子。

　　拍摄数据：时间2019/10/4，快门速度1/250 s，光圈F8。

山阴路自开辟以来就被定位为住宅区，整个路段内，20世纪一二十年代兴建的民宅占90%以上。当时，这里南有北四川路（今四川北路），可触及商业的便利和都市的繁华；北面还处于郊野状态，可享受清新空气和乡野之趣。同时期日本人还在山阴路上建学校（虹口区第三小学的前身），北四川路上还有相应的福民医院，又把虹口公园作为重要的公共集会的场地，完全是一个成熟的配套居住区。

从山阴路起始端的千爱里（山阴路2弄），就是一条有日式居住区痕迹的老弄堂，它的沿街部分就是日本友人内山完造的书店，后门弄堂里就是他的家。他与鲁迅先生的友谊也使得鲁迅先生在上海居住和活动的空间都在山阴路附近，相邻不远的大陆新村就是鲁迅先生最后的居所。

在山阴路弯道的东侧，有一大片石库门建筑，这就是四达里和恒丰里以及恒盛里，这是20世纪20年代建造的住宅区，其中有1927年间的中共江苏省委机关旧址以及上海工人第三次武装起义的指挥部联络点。

236

山阴路千爱里外日本友人内山完造的书店

拍摄数据：无人机航拍，时间2023/1/7，快门速度1/400 s，光圈F4.5。

千爱里居民保持得
较为完好的室内

拍摄数据：时
间2022/9/29，快门速
度1/50 s，光圈F1.85。

山阴路上的建筑都是在20世纪二三十年代建造的，由四川北路口的石库门建筑群开始向北延伸，最后在祥德路以小型的花园别墅收尾，虽然建筑形式参差不齐，却也体现了建筑的多样性，山阴路由此被称为上海民居的博物馆。

山阴路曾经的居民中有书商内山完造、文学家鲁迅、胡愈之、章克标以及文学青年沙汀、民主人士沈钧儒，还有极具传奇色彩的佐尔格小组成员尾崎秀实，还有中华人民共和国国旗设计者曾联松等。整体的居住者处于上海的中产阶级阶层，这里至今还是一个生活便利的区域。

祥德路实际上是山阴路的延伸部分，只是因为山阴路属于当时工部局的越界筑路，而祥德路则在华界以内，有兴趣的游客可以在山阴路340弄积善里和祥德路25弄找找当时的界石。祥德路上的建筑延续了山阴路上的风格，部分建筑的和式风格更加明显，因此，原居住者的背景更加值得探讨，这就是建筑的历史属性留下的痕迹。

山阴路、长山路口，路的右侧为四达里、恒丰里、恒盛里三条弄堂，里面曾经居住有历史上著名的"七君子"领头人沈钧儒，文学家方光焘、胡愈之和章克标，还有鲁迅的得意弟子"左翼"文学青年沙汀。左侧为淞云别墅。

拍摄数据：无人机航拍，时间2023/1/7，快门速度1/400 s，光圈F4.5。

　　山阴路69弄79号，1927年中共上海区委（江浙区委）旧址。罗亦农曾在此担任区委书记，领导上海工人第三次武装起义。

　　拍摄数据：时间2022/9/29，快门速度1/245 s，光圈F1.85。

山阴路69弄90号是1927年中共江苏省委机关旧址。陈延年在此被任命为江苏省委书记，也在此被捕。

1926年，当时的中共中央党校就设在此地。是年2月在册的党校学员中，李硕勋（原国务院总理李鹏的生父）、沈雁冰和杨之华等28人赫然在列。

拍摄数据：时间2019/11/15，快门速度1/80 s，光圈F8。

　　山阴路上的四达里、恒丰里、恒盛里并不是这条马路上最早的弄堂，由于靠近四川北路，它们的建筑形态是一个逐步提升的状态，居民阶层也在该路段上处在中高状态。

　　拍摄数据：时间2019/11/15，快门速度1/50 s，光圈F11。

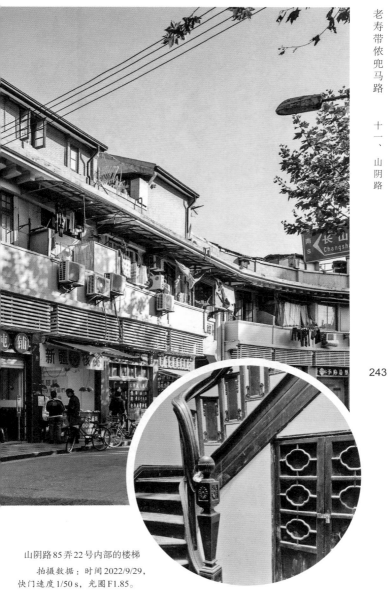

山阴路85弄22号内部的楼梯

拍摄数据：时间2022/9/29，
快门速度1/50 s，光圈F1.85。

　　山阴路大陆新村，1931年建成，由大陆银行上海信托部投资。1933年4月11日，鲁迅先生在内山完造的帮助下以内山书店职员的名义从拉摩斯公寓搬进山阴路132弄大陆新村9号，直至1936年10月19日去世。

　　1933年4月，茅盾化名沈明甫入住大陆新村3弄9号（今山阴路156弄29号），与鲁迅为邻，共同领导"左翼"文化运动，1935年3月迁出。1946年5月，茅盾夫妇自重庆来沪后居住在大陆新村1弄6号（今山阴路132弄6号），11月4日离开上海。

　　拍摄数据：时间2019/11/6，快门速度1/320 s，光圈F8。

山阴路133弄，东照里，原名日照里，建于1920年，瞿秋白夫妇1933年3月在东照里12号北间暂住。在这里，瞿秋白完成了《鲁迅杂感选集》的编辑工作，并且写了一万五千字的序言。

拍摄数据：时间2019/11/6，快门速度1/200 s，光圈F5.6。

拍摄数据：时间2020/5/23，快门速度1/100 s，光圈F8。

　　　山阴路145弄2号是左尔格小组谍报员尾崎秀实的寓所，时任东京朝日新闻社特派记者。1930年1月10日，左尔格奉命来到上海后就入住尾崎秀实寓所。他以上海为活动中心，以小组成员开设的照相馆等为活动基地。

　　　1937年6月，尾崎秀实回日本后成为近卫文麿首相的顾问兼私人秘书，可以参加首相的智囊团会议，甚至可以参与部分重要决策。他把日本将与美国开战的情报传递到苏联后，致使斯大林决心西调20个精锐师，在莫斯科危急时刻扭转了战局，在整个反法西斯战争中起到了重大作用。

　　　拍摄数据：时间2019/11/6，快门速度1/200 s，光圈F5.6。

　　山阴路145弄6号是中华人民共和国国旗设计者曾联松的家。1949年，全国政协公开征集国旗、国徽的图案，曾联松从报上获知后，设计了"五星布成椭圆形，大星导引于前，小星环绕于后，恰似众星拱北斗的五星红旗"。

　　1950年，曾联松应邀到北京参加国庆观礼，这是党和人民给他的崇高荣誉。

　　1999年10月19日，曾联松在上海病逝，骨灰暂放在龙华烈士陵园。2004年9月，曾联松的骨灰入葬上海嘉定长安墓园。电影《共和国之旗》就是讲他的故事。

　　拍摄数据：时间2019/11/6，快门速度1/320 s，光圈F5.6。

　　山阴路274弄在山阴路上并无特殊，路的北侧是联排式建筑，南侧以独栋花园洋房为主，由于这是从山阴路到虹口公园最近的一条弄堂，于是就成为周边居民出行的一条主要通道。向西走出弄堂后，向北就是鲁迅纪念馆。

　　拍摄数据：时间2019/11/15，快门速度1/100 s，光圈F8。

山阴路340弄积善里是山阴路最尾端的一条石库门弄堂，里面的石库门门头保持完好，每个门头上都有吉祥用语。

积善里的墙根处还留有当年越界筑路的工部局界石，过了积善里，就是祥德路的开始，路的另一侧的界石就是华界的标识。

拍摄数据：无人机航拍，时间2023/1/7，快门速度1/400 s，光圈F4.5。

祥德路是山阴路的延伸段，由于山阴路的越界筑路在特定的历史阶段停顿了，祥德路就归属于华界之内。

祥德路的建筑大多建造于20世纪40年代初，由于此时此地属于日本人控制的区域，建筑风格属于"和洋折衷"，细辨之下与山阴路稍有差异。

该区域曾有不少人在伪政权中任职，例如，1937年上海沦陷期间，傅筱庵附逆投敌，出任伪上海特别市政府市长，就居住于此，在祥德路寓所中被军统暗杀。

拍摄数据：时间2023/1/7，快门速度1/483 s，光圈F1.85。

祥德路36弄1号

拍摄数据：时间2019/11/6，快门速度1/100 s，光圈F5.6。

CAT
海派文化建筑阅读

王伯群公馆

江苏路

傅雷旧居

凤冈路

周作民故居

百乐门

PARAMOUNT

愚园
Yuyuan

十二、南阳路

南阳路是南京西路的一条后马路，全长不足500米，为了让这条马路更加有兜头，我们把起点向东延伸一点，延伸到奉贤路、江宁路口。

在江宁路口向东，就可以看到范文照设计的美琪大戏院，其实在这个位置再向东就是早年蒋介石和宋美龄举办中式婚礼的大华饭店，当时的宋家就在后面南阳路、陕西北路口。

转过来向南，现在的中信泰富位置则是上海末任道台府邸，1911年11月上海光复期间，北伐军一路北上，清政府委派的上海道台刘燕翼知道根本无法抗衡，逃进租界内的府邸。此时的上海城内群龙无首，就此顺利地完成"鼎革"，让上海民众免遭战乱之苦。

然后西行至陕西北路，西北角的黑色墙篱笆内就是宋家从虹口东余杭路搬来后的居所。这个花园洋房规模不大，但是出来的宋家姐弟都曾经是影响中国格局的重要人物。蒋介石就是在这里按照宋家的规矩接受了基督教的洗礼，1927年12月1日，蒋介石和宋美龄先进行了基督教婚礼，然后到大华饭店举行中式婚礼。

江宁路66号，美琪大戏院

　　美琪大戏院建于1941年，由范文照设计。1941年10月15日开幕之际，被海内外人士誉为"亚洲第一"。2018年11月24日，入选第三批中国20世纪建筑遗产项目名录。东侧就是曾经的大华饭店。

　　拍摄数据：时间2016/2/7，快门速度1/200 s，光圈F9。

继续沿南阳路向西，现在的恒隆广场曾经是南阳新村，新月派诗人、出版家邵洵美曾经居住于此。南阳路、西康路口这些看似不起眼的公寓楼，代表了20世纪30年代上海人开始追求"一门关进"自主独立空间的追求。

南阳路上最有故事的是颜料商，领头的是南阳路170号贝公馆的贝氏家族。贝氏家族自贝润生一代起在德企洋行中做买办，因为第一次世界大战德企退出中国，折价留下的一批颜料令贝氏暴发，贝公馆就是贝润生析产给次子贝义奎的地皮上所建造的公馆。

256

南阳路170号贝公馆

拍摄数据：时间2018/4/15，快门速度30 s，光圈F16。

　　南京西路上的"梅泰恒"是静安区最早的CBD的典范，中间的中信泰富所在位置就是曾经的戈登路（今江宁路）1号，上海末代道台官邸所在地。

　　拍摄数据：无人机航拍，时间2020/9/27，快门速度1/1500 s，光圈F2.5。

南阳路街景

拍摄数据：时间2016/9/28，快门速度1/80 s，光圈F3.2。

南阳路上的派拉蒙公寓，楼下就是当年最具人气的南阳路胖阿姨糍饭。

拍摄数据：时间 2018/3/10，快门速度 1/200 s，光圈 F8。

南阳路 134 号的红房子是贝氏企业的账房张兰萍的私产，这幢房子的北面曾经有贝家的部分产业，"文革"期间一度成为他们的栖身之地。这块地皮的边上曾经是有"民国助产婆"之称的赵凤昌惜阴堂的旧址，武昌起义爆发后，惜阴堂在其后的三个月内接连承办了同盟会与袁世凯内阁成员等重要人物的会晤，12 月 18 日，议和在上海公共租界市政厅举行，但实际上真正的交易则多在幕后议和的惜阴堂完成。于是，南阳路也被称为"一条南阳路，半部民国史"。

南阳路走到最西端，北侧的爱文公寓是邬达克迷喜欢打卡的地方，他们还常常会绕到北京路一侧，看看谜一样的拼音字符。

爱文公寓的对面是一个与贝氏家族和邬达克有关的建筑，这就是邬迷们津津乐道的绿房子。这幢建筑是贝家女婿（同为颜料商）吴同文的私宅，邬达克答应他造一幢五十年不过时的建筑，果然，到现在都不落伍。

最具人气的南阳路糍饭发源地

拍摄数据：时间2014/8/13，快门速度1/60 s，光圈F8。

转回南侧，可以欣赏的还有小而优雅的皮裘公寓和史量才故居。

纵观整条南阳路，从建筑层面上看，房子虽然不多，但绝对精彩，令人最为惊叹的是这些建筑背后的故事，斗转星移间的易主就是一部社会变迁史。

如今的南阳路作为南京西路背后的小马路，是繁华商业街的补充，沿街接踵而来的咖啡店让年轻人近悦远来，走走看看，读懂这些建筑背后的故事都是促使他们停留些许脚步的理由。

南阳路134号是颜料商张兰萍的旧居，西侧的南阳路154号（原南阳路10号）则是民国初期决定重大事项的议事厅惜阴堂所在地，它的主人就是被后人称为"民国助产婆"的赵凤昌。

拍摄数据：时间2018/1/14，快门速度1/80 s，光圈F8。

南阳路134号残余部分的室内

拍摄数据：时间2017/12/15，快门速度3.2 s，光圈F8。

陕西北路、南阳路街景

拍摄数据：时间2018/3/30，快门速度13 s，光圈F16。

贝公馆的点睛之作"龙梯"

拍摄数据：时间2019/11/11，快门速度1/50 s，光圈F8。

南阳路170号的贝公馆，是吴中贝氏第十三世颜料富商贝润生次子贝义奎（星楼）的寓所，20世纪30年代末建成。

拍摄数据：时间2018/4/15，快门速度25 s，光圈F8。

拍摄数据：时间2018/7/16，快门速度13 s，光圈F8。

拍摄数据：时间2018/4/28，快门速度1/40 s，光圈F8。

铜仁路278号，皮裘公寓

拍摄数据：时间2016/3/6，快门速度25 s，光圈F22。

邬达克于1932年设计的爱文公寓

拍摄数据：时间2018/3/10，快门速度25 s，光圈F8。

　　铜仁路333号是颜料富商吴同文的豪宅，这块地皮是他当年迎娶颜料大王贝润生女儿贝娟琳时的陪嫁。为了造一幢与众不同的建筑，他选择当时最负盛名的设计师邬达克设计，设计师承诺这幢房子再过五十年都不会过时，其始建于1935年，1938年竣工。

　　为睹这幢当时号称"远东第一豪宅"的丰姿，当时的美国驻华大使、燕京大学校长司徒雷登曾特地登门造访，并应屋主吴同文之邀，在二楼餐厅大理石餐桌上共进晚餐并合影留念。

　　拍摄数据：无人机航拍，时间2022/10/2，快门速度1/640 s，光圈F2.8。

　　史公馆是《申报》总经理史量才20世纪20年代初期在老友黄炎培等建议下建造的一幢与其身份、事业相匹配的公馆。史量才当时购买了哈同路（今铜仁路）上中华书局总厂的一块空地，足有16亩，1922年，史公馆落成，它由一幢古色古香的西式红楼和一幢砖木结构的小楼组成。

铜仁路257号，史量才故居

拍摄数据：无人机航拍，时间2022/2/4，快门速度1/2500 s，光圈F2.8。

十三、愚园路

愚园路是一条有上百年历史的马路，由于这条马路在上海区域内的特殊性，所以在兜愚园路时需要着重于它的人文背景和由此展开的历史事件。

愚园路是从常德路开始的，东南侧就曾经是上海地产大王程霖轩的八角楼，从他的发展史可以了解老上海地产商在南京西路一侧的发展轨迹。

南侧的常德公寓是著名海派女作家张爱玲曾经的居所，阳台就是她闲暇之余看有轨电车的地方，也是她多部作品创作灵感的源泉，目前是"张迷"们打卡的地方。

曾经的静安寺庙弄一侧是上海西区最为繁华的地段，早年的中共地下党市委机关就隐藏在边上的弄堂内，现在通过平移的方式挪到愚园路上，这就是红色纪念馆刘长胜故居，是目前"四史教育"的基地之一。

1️⃣
2️⃣

1️⃣ 愚园路的起始端是地产大王程霖轩的八角楼和常德公寓。
　　　拍摄数据：时间 2018/9/27，快门速度 1/250 s，光圈 F9。

2️⃣ 南京西路 1522 弄
　　　拍摄数据：时间 2018/4/28，快门速度 1/160 s，光圈 F8。

百乐门西侧的田基浜是一个连老上海人都遗忘的地名，1930年，这里是全国苏维埃代表大会中央准备委员会机关所在地，这个位置又是当时公共租界与华界最西端的分界线，从这个地方开始的愚园路就是工部局强行越界筑路的产物。由于越界筑路所产生的警权和治外法权的问题，工部局巡捕仅仅有权管辖越界道路上的治安问题，那些盗抢之类的犯罪分子一旦逃进弄堂就可以逍遥法外，因此，周边治安太差，民间曾称之为"歹土"。

由于旧上海地价越往西越便宜，房产开发商并没有停止沿愚园路的开发，于是我们可以一路看到20世纪30年代后建成的各种新式里弄和花园洋房，较为典型的就是乌鲁木齐北路西侧的愚谷村。在整个愚园路上石库门建筑很少，仅有四明别墅还有已经改良过的石库门建筑形式，这是因为进入20世纪30年代后上海人对住宅的观

念和要求有了新的需求。

居住在愚园路上的居民阶层基本上在中产以上，部分较为富裕的，可以在此直接投资兴建一条弄堂，并将自家的豪宅置身其中，如涌泉坊、四明别墅。

常德路195号，常德公寓

常德公寓原名爱林登公寓，1936年建造，因张爱玲曾经在此居住而出名。1939年，张爱玲与其姑姑住在这幢公寓的51室，1942年搬进65室（现为60室），其间，她在此公寓写出《倾城之恋》《金锁记》《红玫瑰与白玫瑰》等名作，《公寓生活记趣》说的便是这座大楼里的一切。胡兰成在《今生今世》里所描述的张爱玲的生活状态也是在此处。

拍摄数据：时间2017/4/18，快门速度1/160 s，光圈F8。

更为富裕的，则可以兴建花园住宅或公馆，如严家花园、周作民公馆。其间还有部分大型企业为管理层建造的宿舍，如荣家的锦园、卜内门的花园住宅、丰田企业的住宅区。

我们梳理一下愚园路上的建筑和人文背景，以便于兜愚园路时寻找到相关的内容。

愚园路上著名的建筑有：中国设计师杨锡缪设计的百乐门舞厅；具有百年历史的静安寺救火会和市西中学；卜内门洋行建造的江宁公寓；最西侧的

愚园路81号是1946年至1949年刘长胜同志任中共中央上海局副书记时的居住地，也是中共中央上海局的秘密机关之一。该宅是一幢沿街的砖木结构的三层楼房，2001年从边上弄堂内平移至此。2004年5月27日，中共上海地下组织斗争史陈列馆正式对社会开放。

拍摄数据：时间2022/6/21，快门速度1/1173 s，光圈F1.85。

西园公寓。散落于整条愚园路上的老弄堂都值得细细探访。

在愚园路上名人谱记载的有：中共地下党负责人刘长胜和刘晓（愚园路81号—愚园路579弄44号）；文学家茹志娟、王安忆（愚园路361弄愚谷邨65号）；四明银行董事长孙衡甫（愚园路546号）；企业家严庆祥（愚园路699号）；企业家荣宗敬（愚园路805弄锦园）；生物制药开拓者杨树勋（愚园路858号）；音乐家黄贻均（愚园路865弄32号）；锦江饭店老板董竹君（愚园路1294号）；金城银行老板周作民（愚园路1015号）；文学家施蛰存（愚园路1018号）；物理学家钱学森（愚园路1032弄岐山村111号）；材料科学家吴自良（愚园路1055号）；钢琴家顾圣婴（愚园路1088弄103号）；抗日名将蒋光鼐（愚园路1112弄4号）；大夏大学创始人、教育家王伯群（愚园路1136弄31号）；新西兰友人路易·艾黎（愚园路1315弄4

号）；爱国政治家、教育家黄炎培（愚园路1352号联安坊）；京剧名家童芷苓（愚园路1396号西园公寓）；爱国政治家沈钧儒（愚园路1392弄桃源村51—53号）等等。

与愚园路相关的名人还有江苏路上月村的新闻界元老俞颂华（江苏路480弄76号）和著名翻译家傅雷（江苏路284弄安定坊5号）。

愚园路218号，百乐门舞厅

1932年，中国商人顾联承投资购得静安寺地块并营建Paramount Hall，并以谐音取名百乐门。百乐门由中国建筑师杨锡镠设计，陆根记营造厂承建，号称"东方第一乐府"。

拍摄数据：无人机航拍，时间2021/5/31，快门速度1/320 s，光圈F2.8。

著名学者徐锦江先生在他的《愚园路》一书中特别提到愚园路上的"蝴蝶效应",是指第二次世界大战时期愚园路上发生的围绕着"战还是和"的点滴事件,牵动了中国人全面抗日的决心。这一时期很多事件都是在愚园路上策划和发生的,就此愚园路有"一条愚园路、半部民国史"之美誉。上述名人谱中那些曾经居住在愚园路上的人物命运又串起一个时代的变迁过程。

愚园路说长不长,走马观花两小时可以走完,细细品味则需要半天。现在愚园路通过微更新后有了坐坐歇歇的好去处,适合三五好友去兜兜。

全国苏维埃代表大会中央准备委员会机关遗址位于愚园路、乌鲁木齐北路东侧,原田基浜附近,该处曾是公共租界的最西边界,以此向西的愚园路都是越界筑路。

拍摄数据:时间2022/6/21,快门速度1/399 s,光圈F1.85。

全国苏维埃代表大会
中央准备委员会机关遗址

1930年至1931年间，全国苏维埃代表大会中央准备委员会（"苏准会"）机关曾设于此，负责中华苏维埃共和国各项法令和文件的起草以及召开中华苏维埃第一次全国代表大会的准备工作。

中共上海市委党史研究室
上海市文物局
二○二一年三月三十一日立

愚园路350号，静安消防救援站

1922年，工部局在静安寺消防分处基础上建造这幢大楼，称静安寺救火会。

拍摄数据：时间2018/9/2，快门速度1/800 s，光圈F8。

1946年，在"公立暨汉璧礼侨童男校/女校"的基础上，留美博士赵传家建立市西中学。

拍摄数据：时间2017/12/1，快门速度1/100 s，光圈F8。

愚园路361弄，愚谷村

该建筑由华信建筑设计师事务所杨润玉、杨元麟设计，陈良才、陈良浩、陈良骅三兄弟投资于1927年建造。

愚谷邨是名人汇聚的地方，65号先后住过的著名作家就有魏金枝、唐克新、王啸平和茹志鹃夫妇及王安忆；37号曾住过著名画家应野平；20世纪20年代影星黎明晖夫妇、著名电影表演艺术家沙莉和凌之浩夫妇、著名表演艺术家奚美娟、著名口琴演奏家王庆隆也曾在这里居住过。中国最早的电影明星、歌手周璇在1936年与严华结合之初就定居于此。著名企业家章荣初和郁震东也曾居住于此。

拍摄数据：时间2018/9/9，快门速度1/250 s，光圈F10。

愚园路395弄涌泉坊内24号，陈家花园

陈家花园是福和烟草公司创办人陈楚湘的私人花园住宅。1936年，陈楚湘开发投资建造涌泉坊西班牙建筑风格的3层楼新式里弄住宅，共有住宅16幢，其中的1幢西班牙式独立花园住宅为自住。该建筑由杨润玉、杨元麟、周济之于1934年设计，久记营造厂营造，1936年建成。

拍摄数据：时间2017/11/11，快门速度1/100 s，光圈F8。

愚园路669号，严家花园

　　该建筑最早由犹太医生博罗建于1920年，大隆机器厂厂主严庆祥于1940年购入，2009年陈天桥购入。

　　拍摄数据：无人航拍，时间2022/1/6，快门速度1/8 s，光圈F8。

愚园路749弄，弄内曾居住过夏瑞芳、张定璠等。

拍摄数据：时间2013/2/27，快门速度1/2500 s，光圈F4.5。

　　愚园路858弄7号，建于1925年，曾作为生化专家杨树勋创办的杨氏化学治疗研究所，其间成功地研制出新惜花散及治疗糖尿病的胰岛萌新药，后来曾改为上海医学工业研究院愚园路生物试验所。

　　拍摄数据：无人机航拍，时间2022/8/29，快门速度1/320 s，光圈F4.4。

愚园路753号，江宁公寓

英式八层楼公寓，1911年由约翰·D·洛克菲勒委托美国设计师路易·沙利文的建筑设计事务所设计，1913年竣工，"南京路上好八连"曾入驻。

拍摄数据：无人机航拍，时间2022/8/29，快门速度1/1600 s，光圈F2.8。

愚园路1015号于1930年建成，是现代风格建筑、独立式花园住宅。该处曾作为国民政府军委会上海招待所、军法处的临时办事处，曾居住过杜聿明、李济深、陈立夫等人。

拍摄数据：时间2014/10/17，快门速度1/60 s，光圈F6.3。

江苏路480弄月村76号，新闻界先驱俞颂华曾居住于此。
拍摄数据：无人机航拍，时间2022/12/11，快门速度1/640 s，光圈F4。

愚园路1088弄，愚园市集

　　拍摄数据：时间2022/7/14，快门速度1/552 s，光圈F1.85。

江苏路155号，市三女中

　　市三女中前身是1881年美国基督教圣公会创办的上海圣玛利亚女校和1892年基督教南方监理公会创办的上海中西女中，此处是五四楼的门厅，建于1935年，是基督教美国监理会利用在汉口路、西藏路原中西女塾的旧址出租给扬子公司建造扬子饭店的15万元租金建造。五四楼原名景莲堂，由著名建筑师邬达克设计。

　　拍摄数据：时间2017/11/4，快门速度1/40 s，光圈F8。

愚园路1112弄20号，蒋光鼐旧居

淞沪抗战中十九路军总指挥蒋光鼐在1953年前居住于此。

拍摄数据：无人机航拍，时间2022/8/29，快门速度1/200 s，光圈F2.8。

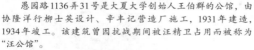

愚园路1136弄31号是大夏大学创始人王伯群的公馆，由协隆洋行柳士英设计、辛丰记营造厂施工，1931年建造，1934年竣工。该建筑曾因抗战期间被汪精卫占用而被称为"汪公馆"。

拍摄数据：无人机航拍，时间2022/7/17，快门速度1/1600 s，光圈F2.8。

愚园路1203弄，福世小区

该处是原卜内门洋行高级管理层住宅，1920年建造。

拍摄数据：无人机航拍，时间2022/7/17，快门速度1/800 s，光圈F2.8。

愚园路1315弄4号，建造于1930年前后，是新西兰国际友人路易·艾黎于1932—1937年在上海时的寓所。

拍摄数据：时间2022/7/14，快门速度1/100 s，光圈F1.85。

愚园路1376弄享昌里，由先施、永安两大公司合股于1925年建造，供两公司高级职员居住，34号为《布尔什维克》编辑部旧址，瞿秋白、陈独秀、罗亦农等都曾在此工作和居住。

拍摄数据：时间2022/7/14，快门速度1/100 s，光圈F1.85。

愚园路1320弄新华村及联安坊，于1925年及1926年相继建造。锦江饭店女老板董竹君曾居住于新华村1号，农工党第四次全国干部会议会址、中国民主同盟一届二中全会旧址则在联安坊，农工民主党创始人之一章伯钧曾在此居住。

拍摄数据：时间2021/9/10，快门速度1/100 s，光圈F1.85。